悦品白茶

主编　周萍

编委　魏新林　彭斓兰　游文超　张丹丹　唐甜

海峡出版发行集团
THE STRAITS PUBLISHING & DISTRIBUTING GROUP　|　福建科学技术出版社
FUJIAN SCIENCE & TECHNOLOGY PUBLISHING HOUSE

图书在版编目（CIP）数据

悦品白茶 / 周萍主编. —福州：福建科学技术出版社，2022.4
ISBN 978-7-5335-6667-8

Ⅰ.①悦… Ⅱ.①周… Ⅲ.①茶叶－介绍－福鼎 Ⅳ.①TS272.5

中国版本图书馆CIP数据核字（2022）第035036号

书　　名　悦品白茶
主　　编　周萍
出版发行　福建科学技术出版社
社　　址　福州市东水路76号（邮编350001）
网　　址　www.fjstp.com
经　　销　福建新华发行（集团）有限责任公司
印　　刷　福建新华联合印务集团有限公司
开　　本　700毫米×1000毫米　1/16
印　　张　15
图　　文　240码
版　　次　2022年4月第1版
印　　次　2022年4月第1次印刷
书　　号　ISBN 978-7-5335-6667-8
定　　价　78.00元

序一

　　周萍博士之前写了《悦品闽茶》，现在她又给大家带来了《悦品白茶》。作为一个茶圈外的人，如果要说阅读的感受，那么周萍的"悦"具体表现有如下几个方面。

　　一是点评视角专业：全书字里行间都闪烁着点评师犀利甚至冰冷的目光，处处可见其霸气的态度；但周博士对广大读者的指导却是温柔的、有温度的，让你感觉温馨舒适，无时不"悦"。如在《老白茶茶疗方》这一节中，作者讲述了新冠疫情期间，协同中医院用老白茶配制的防疫茶疗方，以致成为家庭降温防流感必备品的历程。

　　二是知识增量庞大：本书中，章章都有料、节节都有点。而且每一个知识点，都恰当地融合在每一个茶类的介绍中，使你在阅读学习中，无处不"悦"。

　　如《白茶品质》这一章中，作者围绕"酶"的活性与茶多酚氧化为主线展开，向读者介绍了白茶茶树的生长、鲜叶的采摘、加工的方式等专业知识。这个知识点，也是当今最通用的对茶叶进行分类的一个依据，或者说是一个标准。

　　三是明确习茶方向，有高度：茶海无涯，何处是岸？对茶叶爱好者来说，不论你现在对茶叶了解了多少，也不论你是想要学会冲泡还是品鉴，学会评茶，不仅是茶叶爱好者的必修课，更是一条实现自身价值的捷径。其实，这也是作者在书中渗透的一种思想。

　　茶叶审评涉及鲜叶原料、加工技术乃至物流包装等诸多因素和各个环节。如果你想在识茶、品茶、评茶等方面有所造诣，那么你就要全面了解掌握茶叶基础知识、制茶知识，甚至包括栽培学知识。随着知识的逐渐积累、不断丰富，真功夫自然水到渠成。

　　四是理论实践结合，有广度：《悦品白茶》，"悦"在理论上，由浅及深、循序渐进，系统地介绍"白茶品质"各方面的专业知识。例如在《白茶制作工艺》这一节的介绍中，作者将"新型花香白茶""新工艺白茶"制作工艺做了详细介绍。由此，读者就明白了这些年一直被人们质疑白茶功效的一个关键因素是传统工艺的改变。

《悦品白茶》，"悦"在实践中。作者针对白茶类别的特点，分别从外形到叶底，围绕色、香、味进行分析品评，将茶学科普的"大道理"，变成了茶桌上的家常话，引导读者领略"白茶"的百花齐放、风情万种，各种茶评、心得，干货满满，让读者信心满满，跃跃欲试地想"让自己看起来就像大咖"。

五是重在审评实战，有深度：作者在《白茶审评》这一章里，围绕不同产区、不同年份、不同等级写了若干篇茶评的"审评范例"，以实践指导读者如何辨识茶。然后针对"做旧的老白茶"，作者敢于亮剑，六招助你炼就"火眼金睛"，指导你如何辨别真假老白茶。

此外，还增添了《印象白茶》章节，以习茶记录的方式，将习茶的真实感受、品赏好茶的乐趣毫无保留地呈现给读者。

我非常赞同这本书所倡导的饮茶理念——茶，就是一款保健饮料，不是药。

作者在第三章中就明确了态度：现今已有大量的研究认为饮茶可预防人体的许多疾病，并有一定的治疗作用，包括益思提神、明目、抗氧化预防衰老、降血压、降血脂、降血糖、防辐射、抗过敏、抗癌、抗突变等。但对茶应有一个正确的定位，茶不是"药"，而是一种对人体有生理调节作用的功能性食品，通过饮茶提高人体对疾病的免疫性，可以预防许多对人体有很大威胁的疾病，且还有一定的治疗效果。

认识了周博士，感觉有了一位可靠的喝茶顾问，她不断通过新媒体做科普传播，告诉人们怎样喝茶更健康，重塑科学饮茶观。这本书中有她和团队丰富的评选经验，有她对白茶历史文化系统的认知和工艺品种产区体系化的建构。相信本书的出版，能帮助更多人爱上白茶。

华中科技大学新闻与信息传播学院教授　唐志东

2021 年 8 月于喻园

序二

　　中国是白茶的故乡，福建福鼎、政和、建阳、松溪等地都有种植加工白茶的悠久历史。周萍博士在《悦品白茶》书中，将白茶历史、品质特征、保健功效、审评选购、茶人故事等详细整理成卷，为广大白茶爱好者、从业者提供真实生动的参考依据。尤其是书中集结了茶叶点评网多年的收藏品鉴经历，帮助从业人员重构好白茶评判标准与认知体系，这些都是难能可贵的。

　　中国白茶制作技艺传承久远，又处于革新创制的过程，独具科学艺术魅力，制作方法以萎凋和干燥两道工序为主，沿袭上古自然晾晒工序，某种程度上继承了中华医学的文化传统，并在新时代发扬光大。

　　白茶是我国特有的茶类，自古以来就有许多关于白茶具有清凉解毒、治疗麻疹的记载，如民国卓剑舟《太姥山全志》载："……今呼白毫。色香俱绝，而尤以鸿雪洞产者为最。性寒凉，功同犀角，为麻疹圣药。"因此它是养生保健的重要良方，一直以来深受茶人所喜爱。随着科技的发展，一些科学研究也表明白茶具有解毒、降火、消炎及糖脂代谢调节等辅助作用，尤其是陈年的白茶可用作辅助医治幼儿麻疹。

　　白茶制作技艺集悠久历史文化、生态文化、宗教文化、民俗文化、女性文化、时尚文化、健康文化于一体，具有丰富的美学内涵。它符合人们普遍存在的"回归自然、崇尚绿色"的时尚心理，工法自成天然，适合人们的需求。福鼎白茶乃至福建其他几个地方白茶特有的清香，辅以女性茶艺表演的雅丽，给人以美的享受。白茶可泡可煮，四季适饮，老少皆宜，体现了现代人极简之美的生活理念与追求，被广泛地认为是和谐饮料、保健茶叶。

　　《悦品白茶》这本书，打破套路，不循规蹈矩，使用诙谐幽默的网络语言，风趣而不失严谨，既生动又俏皮，使作品锦上添花，精彩纷呈，读起来妙趣横生。该书可以说是周萍博士向读者奉上的"白茶"饕餮大套餐，也是"给茶行业注入了一股清流"，鲜爽甘甜，悦你悦我。

福鼎市茶产业发展领导小组常务副组长　蔡梅生

推荐语

中华茶文化源远流长，五千年文明是我们的骄傲，激励我们不遗余力地传承与推广。看我中华，悠悠数千年，多少事物泯灭于时光的流逝，唯有图书，伴随着人类文明进步的足迹而绵延至今。喝好茶，读好书，《悦品白茶》一书用最通俗的语言、最生动的故事，讲述单品类白茶的独特魅力，架设起爱茶人与事茶人之间相互沟通的桥梁。

——日本环境友好学者　王效举

周萍出新书了，祝贺她。

我喜欢福建白茶，尤其是冬天。办公室和家里有暖气，喝点老白茶加陈皮，或者老白茶加菊花，真舒服。

愿白茶和《悦品白茶》能帮助人们更健康、更美丽。

——中国社科院工经所茶产业发展研究中心原主任　陆尧

本书主要内容为福建特产单品类白茶的品种、工艺、保健功效，同时结合各地域白茶的不同特点，对冲泡品饮、识茶习茶、审评方法等方面进行了诸多实战讲解。全书精彩之处在于作者将自己在寻茶、评茶实践中的感受融入各个章节段落、字里行间。内容翔实，图文并茂，融专业性、理论性、实用性于一体，有一定的学术价值，有很强的可读性和应用性，对于促进中国白茶文化的进一步繁荣、助推白茶产业高质量发展具有重要意义，值得茶人茶友一读。

——福建省民间文艺家协会副主席　曾章团

我喜欢喝茶，但不是一个精致的茶人；周萍女士对茶素有研究，且是一个执著的人。眼下喝白茶蔚然成风，《悦品白茶》的出版正当其时。

——作家　戎章榕

　　百科全书式深度解读白茶，寻白茶之脉，求匠心之道。推荐本书有两个重要的缘由：一是因为它给我们爱茶人指明了习茶的方向，并提供了有效的学习思路与方法，"授人以渔"。它既是一本科普书，又是学习指导教科书，是可以把喝茶变得"悦品"越开心的一本书。二是因为这是一本具有复利价值的书，非常具有普适性，适合新手看，适合爱好者看；适合现在看，适合三年以后、五年以后看，是可以一直伴随我们成长的一本书。

——海峡茶业交流协会副会长　张伟光

　　北宋画家张择端的《清明上河图》是中国美术史上最著名的一幅风俗画，以长卷的形式翔实记录了北宋徽宗时代首都汴京郊区和城内汴河两岸的繁华景象和自然风光，堪称北宋社会生活的百科全书。在《清明上河图》中，表现饮茶元素的场面比比皆是。中原地区地处政治文化中心，它虽不是茶叶产区，却是核心地的重要消费市场。北宋时期，中原地区的饮茶之风十分盛行，"夫茶之为民用等于米盐，不可一日以无"。闽人多由中原地区迁移而来，两地饮茶习俗互融互通。《悦品白茶》一书，连接着两地人民的茶缘地缘。

——河南省政协常委、著名画家　沈钊昌

　　自古以来，白茶的制作特点是不炒不揉，靠生晒制成。最早的茶就是采来晒干当药用的。4000 多年前，蓝姑教村民用山茶救治麻疹患儿，方圆民众皆采之晒干收藏，平日饮用也有清凉解毒之功。晚清以来，北京同仁堂每年购 25 千克陈年白茶用以配药。在计划经济时代，国家每年都要向福建省茶叶部门调拨白茶给国家医药总公司作为高级药丸的配药和药引。在缺医少药的年代，白茶在消炎、退热、去热毒、治麻疹等方面发挥了不小的功劳。《悦品白茶》一书通过现代科普让更多人了解白茶，爱上白茶的极简之美。

——福建省医药协会创会会长　陈用博

　　在周萍博士《悦品白茶》一书即将付印出版之际，有幸通读全稿，实感亮点颇多。悦，细说白茶丰富的文化内涵及品质风味，犹如白茶自然天成，舒适悦心；而品，则以专业的眼光辨识白茶的优劣、特点，尤其在泡饮和品鉴方面，表现出作者长期的从业经验和良好的职业素养。

　　《悦品白茶》一书涵盖了许多业界、消费者关注的热点，希望该书的出版能为读者带来益处，悦动白茶。

——国际标准化组织（ISO）注册茶叶专家　刘乾刚

目 录 Contents

绿雪芽 / 李晨供

第一章

白茶
简史

第一节　白茶起源及历史脉络

　　茶起源于中国，传播至世界。在大量的历史考证中，茶叶被发现与利用已有数千年的历史。唐朝陆羽在《茶经》中记载："茶之为饮，发乎神农，闻于鲁周公。"白茶是中国特有的茶叶品种或茶类之一，从宋徽宗赵佶政和二年造白茶开始，距今已有近千年的历史。然而，"白茶"二字有古代意义和当代意义之分。古代意义的"白茶"即宋元时期的白茶，它只是一个茶叶品种或以此品种形成的茶叶品名；当代意义的"白茶"则为明朝以后出现的中国六大茶叶类别之一的白茶类。古代意义的"白茶"主要栽植、生产于浙江、福建、湖北等地，是当时茶树的一个品种，或该茶树品种的白化芽叶加工的茶叶品名，命名为"白茶"。此类白茶的原料是特种茶树（如安吉白化茶）在低温时茶叶中叶绿素难以有效合成的白化芽叶

老丛白茶茶树

白茶野茶源

按绿茶加工工艺制作成特色绿茶，例如现代的安吉白茶、溧阳白茶等茶叶品名。尽管这种茶因芽叶玉白、茎脉翠绿被称为白茶，但该茶品还是归属于绿茶分类范畴。当代意义的"白茶"主要栽植、生产于福建的福鼎、政和、建阳和松溪等地。近年来，中国白茶业快速发展，在国内外的影响力越来越显著。

(一) 古代白茶

神农时代的"古白茶"

关于白茶的历史起源于何时，茶学界有不同的观点。有的学者认为白茶始于神农尝百草时期。"神农尝百草，日遇七十二毒，得茶而解之。"神农尝百草遇毒时，把从茶树上摘下的鲜叶作咀嚼而解毒，从而认识了茶的药用价值。认识了茶的药效之后，于是采树上的鲜叶，自然晾干，收藏茶叶。上古时代尚无制茶法，人们自然晾青茶叶，称为"萎凋"工序，这是一种古老的制草药方法。但由此可见最早的茶，按制造方式，应该属于白茶，或者说这是中国茶叶史上"古代白茶"的诞生。湖南农业大学杨文辉就持此观点，他发表的《关于白茶起源时期的商榷》一文对白茶创始的见解中就有所体现，他认为中国茶叶生产史上最早发明的不是绿茶而是白茶，理由是"由于茶叶生长的季节局限，为使全年都能喝上优质茶叶而采集鲜叶晒干收藏，这便是茶叶制造的开端"，也是中国茶叶史上"白茶"的诞生。

水仙母树

唐代白茶起源说

有的学者认为白茶起源于唐代，因为"白茶"这一清雅的芳名最早出现于唐代陆羽的《茶经》中，其中记载："永嘉县东三百里有白茶山。"陈橼教授在《茶业通史》中指出："永嘉东三百里是海，是南三百里之误。南三百里是福建的福鼎（唐为长溪县辖区），系白茶原产地。"可见唐代长溪县（闽东福鼎）已培育出"白茶"品种。因其仅见名称，没有更详尽的资料，其能否作为起源的证据，还有待进一步商酌。闽东尽管有着悠久的产茶历史，但是史书文字记载少，尤其是晋朝、南朝时期有关茶叶史料未见到闽东产茶历史的文字。但是根据温麻县（闽东县市的古称之一）旧址出土的茶具及有关史料显示，闽东产茶、饮茶始于唐前二百年的东晋时期。这是支持上述起源说法的有力证据。

宋代白茶起源说

有学者认为白茶起源于宋代。有人认为白茶起于北宋，其主要依据是在《大观茶论》《东溪试茶录》中也出现了白茶的名称。宋代宋子安的《东溪试茶录》中记载"茶之名有七，一曰白叶茶，民间大重，出于近岁，园焙时有之，地不以山川远近，发不以社之先后，芽叶如纸，民间以为茶瑞"；宋徽宗（赵佶）在《大观茶论》（成书于1107—1110年大观年间，书以年号名）中，有一节专论白茶，曰："白茶，自为一种，与常茶不同。其条敷阐，其叶莹薄，林崖之间，偶然生出，盖非人力所可致。"据考证，其中言及的白茶非现代之白茶，只是白叶茶的一种

称呼，它是蒸青绿茶，与现代的白茶相差甚远。北宋宣和（1119年）后，福建的
"龙团胜雪"名盛一时。"龙团盛雪"的原料，据载乃将拣熟芽只取其一心一缕，
称为"银线水芽"，与现代白茶"白毫银针"纯取茶芽制成类似。有学者认为这
是现代白茶"白毫银针"的开端。笔者认为非也，因就其制法而言，属绿茶制法。
因此，白茶的宋代起源说，亦有待进一步考证。

明代罢团倡散

元朝末年，中国茶叶的产茶制法发生了一次大的改进，开始由饼团茶向散茶改进。

明朝时期，完成了饼茶到散茶的制茶技术的改进，此时，中国茶叶也出现了
初次的分类，逐渐冲破绿茶单一类别，发明制作了红茶类、黄茶类、黑茶类、青
茶类等。到了明末清初，中国逐渐形成了完整的六大茶类：绿茶、红茶、黑茶、
青茶、白茶、黄茶，当代意义的"白茶"也发明制作于这一历史时期。明朝时期，
出现了与当代意义的"白茶"制作技艺十分相似的制茶技艺。明代的人十分推崇
日晒茶，即将新采茶叶暴露在太阳下照晒，自然挥发水分，直接烹饮。屠隆说："以
日晒者，青翠香怡，胜于火炒。"这样的制茶技艺与当代意义的"白茶"制作技
艺十分相似，尊重自然，充分利用自然光能资源，更加注重师法自然，风味鲜纯。

太姥茶园

"仰绍东陵"旧居／品品香供

可以推测，此时的日晒茶做法已经开启了当代意义的"白茶"的源头。

古代白茶类的创制始于白毫银针，有学者根据田艺衡《煮泉小品》（成书于1554年）关于生晒芽茶的记载，认为白茶创始于明代。"芽茶以火作为次，生晒者为上，亦更近自然，且断烟火气耳……生晒茶瀹之瓯中，则旗枪舒畅，清翠鲜明，尤为可爱。"说明当时的制茶原料至少是一芽一叶，用日晒干燥，其鲜叶标准与制茶工艺可以认为是现代白茶制法的雏形。如果说这是关于古代白茶的记述，则现代白茶堪称是古老而又年轻的茶品。

中街林仁记茶行与万河里／品品香供

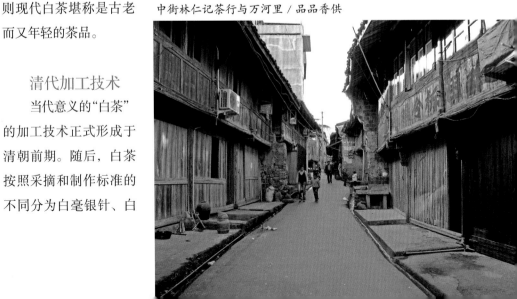

清代加工技术

当代意义的"白茶"的加工技术正式形成于清朝前期。随后，白茶按照采摘和制作标准的不同分为白毫银针、白牡丹、贡眉和寿眉等花色并发展起来，成为中国六大茶类之一。据清代学者刘源长的《茶史》记载：清代的名茶约有40余种，包括政和白毫银针、闽北水仙。刘源长的《茶史》成书于清康熙八年（1669）前后，白毫银针正是当代意义的"白茶"中尤为重要的品类。据张天福《福建白茶的调查研究》记载，清嘉庆初年（1796），福鼎当地以福鼎菜茶的壮芽为原料制成银针。

（二）当代白茶

当代意义的"白茶"的制茶技术也经过了漫长的发展历程，逐渐形成一个完整成熟的制茶体系。如福鼎白茶的栽培制作，在茶树种植中采用茶树与地瓜等作物立体种植的方式，使茶园的病虫害得以减少。在白茶的加工工艺上，采用最自然的方法，以最少的工序进行加工，把采下的新鲜芽叶薄薄地摊放在竹席上，置于微弱的阳光下，或置于通风透光效果好的室内，让其自然萎凋。萎凋是将茶叶摊放在萎凋工具上，在适宜的温度湿度等环境条件下，促使叶张失水的过程。

以制茶种类来说，先有银针，后有白牡丹、贡眉和寿眉。至此，当代意义的"白茶"即白茶类的茶品种类日趋齐全。银针在光绪十六年（1890）已有外销，自1910年起随工夫红茶畅销欧美。1918年由于红茶滞销，白茶应运而生，取代红茶地位。当时福鼎与政和两县每年各出产50吨，单政和一地，茶行达数十家，

民国时期的茶馆——双春隆旧址 / 品品香供

畅销西欧，主销德国。福建白茶大约 97% 外销，仅有少许内销，用于直接饮用和作为饮料、袋泡茶的原料。在外销白茶中，欧美茶商也有用少量白茶拼入高级红茶中以增加美观度，提高价格。

1963 年发表的《福建白茶的调查研究》中写道：目前，白茶输出量约占本省对外出口各类茶叶 10% 的比重。每吨银针可值 15500 美元，特级白牡丹 4300 美元，特级贡眉 2900 美元，寿眉 900 美元，年可换回约 20 万美元的外汇。为了适应香港地区的消费需要，同一时期福鼎开发新的产品——新工艺白茶，因增加轻度揉捻，其色泽青灰带黄，筋脉带红；汤味似绿茶但无清香，又似红茶而无发酵，浓醇清甘又带有闽北乌龙的馥郁。

第二节　福建白茶历史及其茶文化

（一）福鼎白茶简史

古代白茶

福鼎的白茶出现很早。太姥娘娘用白茶治疗小儿麻疹的传说流传已久，说明了古老白茶可饮用、可入药。陆羽《茶经》云："永嘉县东三百里有白茶山。"茶学家陈椽、张天福等确定白茶山即太姥山，证明隋唐前在福鼎就有白茶了。

在福鼎民间，很多农民都能用晒制中药的方法来晒茶叶的青叶，晒制后的茶叶悬挂在厨房的梁上，因为每天锅灶的使用使得茶叶周围的环境干度符合茶叶的存放标准，这些晒干的茶叶供一家人日常饮用。如果这些茶叶存放时出现异味，他们会在锅灶里用微火进行烘焙。福鼎民间还流传着用陈年白毫银针治疗感冒发烧、咽喉疼痛、牙疼以及水土不服等疾病。

福鼎的古官道每5华里（2500米）都有一个过路亭，亭里常有善心的家族设置大茶缸，族中有专人烧水，并用土法晒制的茶叶来泡茶，供来往的人止渴。

太姥娘娘 / 李晨供

明代地方文献《太姥山志》里多处记载太姥山产茶。由于当时六大茶类还没有明确区分，太姥山所产的茶叶究竟属于哪一类茶叶，有待进一步探究。

但是，在1538年，明代嘉靖版《福宁州志·食货·贡》载："芽茶84斤12两，价银13两2钱2分；叶茶61斤11两，价银1两4钱7分9厘。"难得的志书上关于茶叶价格的记载，把制作白毫银针的芽茶收购价格与制作白牡丹的叶茶价格区别开来，表明明代茶叶早已进入贸易时期。

1554年田艺蘅《煮泉小品》赞道："芽茶以火作者为次，生晒者为上，亦更近自然，且断烟火气耳。"田艺蘅所描述的正是福鼎的白茶最早制法——生晒。

1655年周亮工《闽小记》载："太姥山古有绿雪芽。"《闽茶曲》："太姥声高绿雪芽，洞山新泛海天槎。茗禅过岭全平等，义酒还应伴义茶。"绿雪芽在明代就是名茶，今呼白毫，即白茶。

白茶贸易阶段

清中叶，白茶的贸易进入盛期。《闽海关年度贸易报告》《福鼎县志》《福鼎县乡土志》和许多文献都记载白茶的贸易。中国著名茶学家张堂恒《中国制茶工艺》载："乾隆六十年福鼎茶农采摘普通茶树品种的芽毫制造银针。"这是银针由福鼎首创的文字记载。

1869年卞宝第的《闽峤輶轩录》载："福鼎县，物产茶。白琳地方为茶商聚集处。"白琳已经有很多茶商设点收购茶叶。

1865年《闽海关年度贸易报告》载："福宁府产红茶和银针白毫……还有一种绿茶和桔香白毫。"1889年的报告："各地功夫茶的情况如下：白琳地区功夫茶，质量上好，加工精细，冲泡后香醇味浓……白毫茶产量极少，质量好。"

1906年《福鼎县乡土志》载："白、红、绿三宗，白茶岁二千箱有奇，红茶岁两万箱有奇，俱由船运福州销售。绿茶岁三千零担，水陆并运，销福州三分之一，上海三分之二。红茶粗者亦有远销上海。"明确白茶用船运输，通过福州再销往国外。

白毫茶

白毫银针因其成品芽头肥壮，满披白毫，如银似雪而得名，故名为白茶。福鼎的方言中，白毫茶或白毛茶就是指白毫银针。白毫茶也是文献中出现最多的茶类，清末至民国时期白毫茶专指白茶类。

《福鼎县乡土志》载："茗，邑产以此为大宗，太姥有绿芽茶，白琳有白毫茶，制作极精，为各阜最。"白琳制作的白毫银针是全国最佳的品类。

1917年的《福建全志》（日文）载："福鼎县的茶有白毫茶、红茶以及绿茶，白毫茶以桐山、白琳产为最出名，与武夷山有并称。作为名茶位于大姥、小姥二山产的最佳。……"

1933年铁道部业务司闽浙赣经济调查队编《京粤线福建段沿海内地工商业物产交通报告书》，其中写道："福鼎农产以茶为大宗，每年产量三万五千担……若白茶（即白毫）则以产于福宁属之白琳者称上品，次为政和各地所产。……红茶、白茶多运销于国外，以英、荷、德、俄四国为最多。"

1940年《茶讯》第二卷《福鼎茶区概况》载："第一区以桐山为中心，桐山为福鼎县城，北出分水关而通浙，其南水流美距沙埕港约六十余里，民船六小时许可达，交通咸称便利，二十八年该处设有红茶号两家，因此毛茶偷运过浙境者甚多。福鼎茶叶走私之炽，诚为本省业管理上之严重问题。第二区以店下、巽城两地为中心，巽城产制以工夫为主，店下则工夫、莲心、白毛猴以及白毫均有，……白毫茶以银针为上，土针次之，普通白毫以银针七成土针二成匀堆而成，莲心及白毛猴专销安南暹罗等地，消费者认有固定商标，故为二三茶号所专制。莲心以清明前采制者为优，大面多用广泰、金泰、宁泰等花色。"

《太姥山全志》载："绿雪芽，今呼白毫。香色俱绝，而犹以鸿雪洞产者为最。性寒凉，功同犀角，为麻疹圣药。运售国外，价与金埒。"

以上文献都有白毫茶的记载。

白茶

新中国成立后，白茶依然是福鼎生产的传统茶类。计划经济时期，国营福鼎茶厂负责茶叶销售和收购，相继在白琳、湖林建设茶叶初制厂，在产茶乡镇设立茶叶收购站，负责毛茶的采购；按上级的计划进行收购、加工茶叶，统购统销，出口创汇。

在 20 世纪 50 年代至 60 年代初期，福鼎以生产白琳工夫红茶为主，白茶的产量偏少。随后因中苏关系恶化，红茶滞销，福鼎全面进行"红改绿"，以生产烘青绿茶为多，但白茶依然作为出口创汇的茶类；白茶白毫银针由各茶叶收购站收购，国营茶厂进行精制加工销售。

1963 年，国营白琳茶叶初制厂专门负责白茶的加工收购。随着室内热风萎凋加工方式的应用，白牡丹、寿眉等白茶因此产量提高。1968 年新工艺白茶的发明成功，白茶总的销售量大幅度增加了。

值得一提的是，1966 年李得光首提"福鼎白茶"这一名词。时为福建省农工党组织部长、福鼎点头人李得光撰写《福鼎白茶——太姥白毫银针》，见于《福建文史资料》第十二集。文中从"白茶的发现与繁殖""白茶的制法和特性""资本主义国际市场和白茶销路的关系""茶商对茶农的残酷剥削""白茶改制红茶的经过和前景"等 5 个

民国时期福州会馆合影：陈炽昌（右二）、梅伯珍（右一）、吴世和（左二）/ 品品香供

福建省采茶机鉴定会与张天福合照 / 品品香供

方面叙述福鼎的白茶。

1985 年，福建省茶叶进出口公司为稳定白茶口感和质量，提升白茶出口量，邀请省计量局热工专家林升泉、省茶叶公司技术员梁利俊和福鼎茶厂方守龙、张肖共同设计，对白琳茶叶初制厂的大型晾青场所进行改造，成为加热型白茶萎凋

车间，这就是现在被广泛使用的"加温萎凋房"工艺的前身。加温萎凋房后经不断改进，成为更加节能、更为科学的生产白茶车间，而且茶叶品质更佳。

1999 年后，福鼎茶业进行改制，福鼎茶厂、白琳茶叶初制厂、湖林茶叶初制厂宣布正式破产，新的茶业机构陆续建立。白琳初制厂改制职工组成私营企业，继续生产白茶，为外贸公司提供白茶。从全市茶叶品类来看，白茶占比还是很小，只占百分之几的份额；从品牌上看，没有大的茶叶品牌了。

1999—2003 年，蔡梅生为分管茶业副市长并开始注重茶业基础性工作，同时也提出发展白茶的理念。如全市范围开展无公害茶园培训和建设工作，重视无公害茶园和生态茶园建设，注重全国性茶叶展销会，组织茶企抱团发展，在福鼎举办全国性的茶业会议，成立首届福鼎市茶业协会，举办首届太姥杯茶叶品质大奖赛等，开创性引领茶叶塑品牌工作。

2003—2006 年，福鼎市政府以"福鼎大白茶"为白茶公共品牌向全国推广。2008 年 1 月，出台了《关于进一步推动茶产业发展的若干意见》的纲领性文件，即人称"白茶复兴 20 条"，提出了打造"福鼎白茶"特色公共品牌的茶业发展思路。

近现代福鼎茶叶生产加工 / 品品香供

以茶学家张天福书写的"福鼎白茶"商标品牌，开始进行多渠道、多层次、全方位地推介。

（杨应杰）

（二）政和白茶起源与发展

要追溯白茶的起源，必须先弄清楚白茶的含义。广义上的白茶常有三种理解：一是指利用白茶制作工艺制作出来的茶，就是不炒不揉，经萎凋、干燥而成的茶叶；二是指茶树品种，茶树的叶片和茶芽密披白毫，如政和大白茶、福鼎大白茶、福安大白茶；三是指白片茶，就是叶片偏白色的茶树品种，如安吉白茶、溧阳白茶、资溪白茶，其制作方式是绿茶工艺。

茶学上的白茶是指前两种合一的茶，也就是采自白茶茶树（品种）的茶青，运用白茶制作工艺做出来的茶，政和白茶、福鼎白茶就是这种真正意义上的白茶。中国茶最伟大的贡献在于对不同的茶树品种用最合理的制作工艺制作，才成就了许许多多地方名茶，也才有六大茶类的划分。近现代，随着茶叶商品化，绿茶好卖的时候就"红改绿"，红茶好卖的时候就"绿改红""白改红"；商品茶的出

喊山 / 刘永锋摄

现打破了"不同的茶用最合适制作方法"的传统，给中国茶的品质和价值造成极大的伤害。

有的人认为，古代白茶和现代白茶不是一回事，其历史没有必然的延续性。其实并不尽然。众所周知，白茶的制作工艺可以追溯到药食同源的远古时代，人类最早利用茶叶和利用其他植物的方式如出一辙，经历"生食—煮食—晒干备食"的发展过程；茶叶生晒或烘干后留存以备常年饮用，便是当今白茶的制作工艺，只是在那个年代没有人予以命名而已。

同样，作为茶树品种，宋徽宗的《大观茶论》记载说明当时的白茶是一种野生的茶树品种，茶树很少。因此，白茶的制作工艺数千年前就出现了，茶树品种也在北宋就被发现，两者之间的结合在宋代也初见端倪。在宋代建茶中有一种银线水芽，其制法有现在白毫银针的雏形，1121年的《宣和北苑贡茶录》记载：宣和庚子岁，漕臣郑公可简，始创为银线水芽，盖将已拣熟芽再剔去，只取其心一缕，用珍器贮清泉渍之，光明莹洁，若银线然。

白茶室内萎凋专用廊桥 / 杨丰供

摊青 / 杨丰供

其取芽方法详见于《两溪丛语》（南宋姚宽）：唯龙团胜雪、白茶二种，谓之水芽，先蒸后拣。每一芽，先去外两小叶，谓之乌蒂；又次去两嫩叶，谓之白合；留小心芽，置于水中，呼为水芽……茶之极精好者，无出于此……其他茶虽好，皆先拣而后蒸研，其味次第减也。

可见，古时芽茶制法是将刚萌发的一芽二叶连同残留的鳞片、鱼叶一并采下

萎凋／杨丰供

后，分两种制法：一种是先拣后蒸，由于先行拣芽，极易损伤芽叶而变红，品质较差；另一种是先蒸后拣，拣后立即投入水中冷却保持翠绿，防止变黄，因此水芽品质优于一般芽茶。这种取芽方法与现今白毫银针的剥针取芽方法极为相似。

关于白茶制作工艺和白茶茶树品种的关系，茶学家陈椽在《茶叶贸易学》中也有记载：从明朝田艺蘅于嘉靖三十三年（1554）的《煮泉小品》说：芽茶以火作者为次，生晒者为上，亦更近自然，且断烟火气耳……生晒茶瀹之瓯中，则旗枪舒畅，清翠鲜明，尤为可爱。前者是指银针，后者可能是指白牡丹。但这里已不是指白叶茶，而是一般鲜叶制成的白茶。这种白茶的起源也是在明朝初期。

陈椽教授对白叶茶做了解释，"这种白茶的起源也是在明朝初期"，所说的"这种白茶"应是指运用白茶制作工艺制作出来的茶叶。

但白茶制法和白茶茶树品种真正"合体"是在清朝中期，是在率先发现白茶茶树品种的地方——政和。这个历史性的结合，使得白茶名副其实，成为茶叶大观园中一颗奇葩，香飘天下，名扬四海。

虽然政和因茶得名，但因政和属于县级建制，山高路远，交通闭塞，政和茶没能单独作为地方名茶进贡，长期只能作为建茶的附庸，作为北苑贡茶的组成部分而进贡朝廷。元代，政和茶并没有太多记载；直至明初，政和县令黄裳、典史郭斯垕于建文四年（1402）编纂《政和县志》，隐隐约约记述茶事，如《名胜篇》郭斯垕《游白云精舍》诗句："稚童烹茶敲石火，林僧剖竹引岩泉"，《游万松庵》记："侍者敲石火，汲涧泉，烹新茶……"，白云精舍筑在今城关熊山麓，可见其时城关一带已产茶叶。至万历二十七年（1599），县令车鸣时重修县志，县志序云：政延绵数百里，山川险谷，民罕十连之聚，然西南十分之九不尽宜于五谷，勤于事事，亦足自赡。上播茶粟，下植麻芋，其他木竹菇笋之饶，唯地所殷。

这时茶叶分布范围已经很广阔，可知茶叶已成为山区人民经济生活的重要来源。在茶叶商品化后，建茶没落，武夷茶兴起，政和因为山区经济落后，商业凋敝，所产之茶，或由茶贩转手，肩挑、水运到武夷山，充当武夷茶售卖。

清乾隆时期知县蒋周南有《咏茶诗》一首，记述得很详细，诗曰：

丛丛佳茗被岩阿，细雨抽芽簇实柯。
谁信芳根枯北苑？别饶灵草产东和。
上春分焙工微拙，小市盈筐贩去多。
列肆武夷山下卖，楚材晋用怅如何。

从这首诗里可以看到清初政和县产茶的盛况，连著名的北苑产区比之都要黯然失色。茶季一到，茶工雇佣一空，当时政和县山区没有茶行、茶庄，一担担的茶叶被茶贩运到武夷山茶叶集市——下梅，再由晋商经"万里茶路"贩卖到俄罗斯恰克图等地，再从俄罗斯进入欧洲；也有的茶经水路运到广州，由广州十三行卖给东印度公司，进入欧美。

政和白茶商品化是在清中期，得益于大白茶茶树品种的发现和推广种植。大白茶树最早发现在政和县铁山乡。

据《政和县志》记载：清咸、同年间（1851—1874）菜茶（小茶）最盛，均制红茶，以销外洋，嗣后逐渐衰落，邑人改植大白茶。

据考证，光绪六年（1880）政和县对良种大白茶树加以大量繁殖，于光绪十五年（1889）正式开始采制白毫银针。相传，当时有下里铁山人周少白见白毫工夫受欧美欢迎，就试制银针四箱，运往福州交洋行探销很成功，第二年又和邱国梁合制四箱运国外销售，效果甚佳，以后便逐渐发展，愈制愈多，并推而广之，政和白茶进入产业化生产的鼎盛时期。迄至清咸丰年间（1851）政和开始有茶叶加工场所。《茶业通史》记载：咸丰年间，福建政和有一百多家制茶厂，雇佣工人多至千计；同治年间，有数十家私营制茶厂，出茶多至万余箱。

据《茶业通史》记载，清光绪五年，在政和境内发现大白茶树，之后得以大量繁育，以之为原料所制的白毫银针、白牡丹等白茶品质得到大幅提升，供不应求且价格不菲，故当时民间有"嫁女不慕官宦家，只询牡丹与银针"之说。1919 年编写的《政和县志》中这样描述："茶兴则百业兴，茶衰则百业衰。"足见历史上政和茶叶在经济发展中占据着重要的地位。

政和大白母树

民国期间，政和凭借资源优势迎来了茶叶的百花齐放，据 1919 年《政和县志》记载：茶有种类名称凡七：曰银针，即大白茶芽；曰红茶；曰绿茶；曰乌龙茶；曰白尾；曰小种；曰工夫。皆以制造后而得名，业此者有厂、户、行、栈。但是，主要还是以白茶和红茶为主要产品。民国中后期，政和白茶与工夫红茶比翼齐飞，双双畅销海内外，茶叶成为政和的主要经济收入。据《福建政和之茶叶》记载：

政和茶厂 1954 年全景 / 杨丰供

政和茶叶种类繁多，其最著者，首推工夫及银针，前者运销俄美，后者运销德国；次为白毛猴及莲心，二者专销安南（即越南）及汕头一带；再次为销售香港、广州之白牡丹、美国之小种，每年出产总值以百万元计，实为政和经济之命脉。

1939 年，福建省贸易公司和中国茶叶公司福建办事处联合投资在崇安（今武夷山）创办"福建示范茶厂"，政和茶厂成为下属的七个分厂之一，陈椽担任厂长兼技师，开创了政和茶叶科学生产的新纪元。他莅政茶事，开展外销茶加工、改进加工技术、制茶技术测定等工作，对当时生产的工夫红茶、白毫银针、白牡丹和白毫莲心都进行技术测定，写出《政和白毛猴之采制及其分类商榷》和《政和白茶（包括白毫银针和白牡丹）制法及其改进意见》在《安徽茶讯》上发表，为政和茶叶发展和茶叶加工工艺进步做出重大贡献。

新中国成立后，政和白茶得到了进一步的发展。1959 年，福建省农业厅在政和县建立了大面积大白茶良种繁殖场，采用短穗扦插法繁育政和大白茶苗 2 亿多株，种植区域扩展到贵州、江苏、湖北、湖南、浙江、江西及福建的其他县市。1972 年政和大白被定为中国茶树良种。茶叶产量大规模增长，白茶与红茶、绿茶、茉莉花茶共同撑起了政和县经济的半壁江山。改革开放以后，政和白茶的生产和销售得到了重视，政府加大了对茶业的宣传和投入。2007 年 3 月，国家质量监督检验检疫总局批准对政和白茶实施地理标志产品保护，保护范围为政和县现辖行政区域 1749 平方千米，同时"政和白茶"地理标志产品专用标志正式启用，标志着政和白茶从名品向名牌发展。2008 年 3 月，经过中国经济林协会专家委员会考察认定，政和县被命名为"中国白茶之乡"。2012 年，政和白茶传统制作技艺被列为非物质文化遗产，为这个被称为"茶叶活化石"的地方名茶赋了了新的生命。

（节选自《政和茶志》）

（三）建阳白茶历史与发展

建阳是中国传统工艺白茶的发源地，早在明清时期团散茶转换的变革过程中，创制出白茶这一品类。建阳白茶产区的茶人们，在长期的生产实践中积累了丰富的经验，其小白茶生产的贡眉产品久负盛名，大白茶、水仙白生产的白牡丹独具风格，深受广大消费者所喜爱。

群体品种原料的多样性
建阳白茶传统原料主要有原生群体品种和水仙品种。建阳当地原生群体品种，

建阳白茶萎凋

白茶炭焙

俗称菜茶。据胡浩川（1896—1972）考证，宋初建溪茶树为野生种，菜茶（群体品种）由当地野生种演变而来。国内茶树种质资源研究资深专家、中国农业科学院茶叶研究所研究员虞富莲认为，有性系群体种，茶树活力强；茶树个体间性状差异较大，在生化成分组成上有着互补性；成品茶外形不够整齐，颜色较花杂，但香气、滋味比较饱满，醇厚度高，耐冲泡。

建阳小白茶选用当地菜茶品种为原料，其品种仍然保持用茶籽播种的有性繁殖，菜茶茶树品种的多样性，复合型的鲜叶原料组成，造就其品质内容十分丰富，更加富有层次感。

水仙品种发源于建阳大湖。清道光元年（1821），据说闽南人王有生寄居大湖村大山坪，一次上山打猎在大湖岩叉山小神庙附近祝桃仙洞发现一株小树，青翠欲滴，形似茶叶，冬开白花中吐黄蕊，顺手折一枝清香扑鼻，因酷似水仙，遂赐佳名"水仙"。水仙茶一经发现便体现其品质的优良性。1985年被全国农作物品种审定委员会认定为国家优良品种。其芽壮叶肥，用水仙茶鲜叶"挑针"制成银针，一芽二、三叶鲜叶加工成的白茶称"水仙白"。

开筛 / 漳墩镇政府供

独特的晾晒萎凋工艺

白茶的加工主要是萎凋过程。不同的茶区采用不同的萎凋方式。有人说福鼎白茶的加工是"日晒"的萎凋方式，建阳白茶的加工是"阴干"的萎凋方式。这种说法，实际是对白茶加工工艺的误解。白茶的加工工艺从本质上说都属于"晾晒"工艺，只不过福鼎鲜叶原料以中大叶种为主，又加上受"白毫银针"晒针的影响，萎凋过程偏重日晒。建阳白茶生产以小叶种为原料，叶张幼嫩，不宜重晒。水仙茶原料鲜叶茶多酚含量较高，水分足，强烈的日光易造成鲜叶红变，因而建阳白茶萎凋过程以晾为主，晒为辅。

充足的光与微弱的阳光对白茶萎凋过程芳香物质的形成，以及内涵物的转化和积累有重要的作用。萎凋场所一般要求光线充足，早上或傍晚有微弱阳光斜照在白茶的萎凋叶上。光线充足、有阳光的场所萎凋的白茶，或采用复式萎凋的白茶，其萎凋叶色泽润绿或灰绿，叶态舒展。开水冲泡，其青香中带着淡淡的花香，滋味鲜醇甘爽。如果萎凋场所光线不足，阴暗、没有阳光，其萎凋叶色泽暗绿无光泽，香味沉闷，滋味欠鲜爽。如果日晒过重、失水过快，萎凋叶呈淡绿或草绿色，叶张薄摊，香有青草气，滋味淡薄。在全封闭人工环境萎凋房萎凋的白茶往往稍带青味，需要对萎凋叶进行后续处理。

历史上建阳的主要白茶产区，一般村头或村尾都有一座坐南朝北的二三层楼的青楼，这青楼一般一楼收青，二三楼晾青，晾青楼上南北通透，光线充足。南面窗台外有一排用竹竿搭成的晒青架。春季利用早晨或傍晚微弱的阳光晒青。当夏暑天气炎热，又把晾青架移至楼下晾干，以延长鲜叶的萎凋时间。当地的茶人们充分运用

小白干茶

建阳4—5月份昼夜温差较大的特点，采用室内自然萎凋、复式萎凋等多种萎凋形式，有效地调控鲜叶的萎凋过程，促进茶叶内含物的转化和积累以及香气的形成。这种重晾轻晒的萎凋工艺形式形成建阳白茶生产的一大特色，独特的白茶品质吸引了广大消费者。

建阳白茶的品质特征

所谓白茶有"三白"，即"芽身毫毛雪白，两片嫩叶，叶背茸毛银白"，其主要产品白毫银针、白牡丹、贡眉各具特色。

白毫银针（水仙）：芽针肥壮、形稍长似针，银装素裹。

白牡丹（水仙）：绿叶夹着银白毫心，叶态自然，叶缘垂卷，色泽银白绿润；形似盛开牡丹；毫香显，"仙韵"明显且张扬，汤色清澈杏黄，滋味醇厚甘爽，仙韵悠长。1984年在安徽合肥召开的全国名优茶研究及品质鉴定会上，"建阳水仙白"被评为全国名茶。

贡眉：毫心细密，幼嫩的芽叶错落有致，叶面自然伸展，叶缘垂卷；色泽绿润；犹如入夜星空繁星点点，惹人喜爱。汤色浅黄明亮；香气丰富饱满，毫香显露，滋味鲜醇甘爽；叶底软嫩明亮，芽叶完整匀齐。

采摘／赖雅琼摄

有关机构检测，原产地小白茶游离氨基酸总量达 45.78 毫克／克，远高于白毫银针和白牡丹。中国著名的茶叶专家庄晚芳在《中国名茶》一书中，对小白茶产品这样描述："寿眉（贡眉）色灰绿，高级寿眉略露银白色，茶味清芳，甜爽可口，叶张幼嫩，毫少细微，外形似一丛绿茵中点点银星闪烁，极为悦目。"每年四五月份白茶上市，小白茶青香四溢，丰富的游离氨基酸，让茶汤鲜爽甘甜，水仙白更是透出其特有的"仙韵"，醇厚甘爽。人们静下心来细细地品尝新鲜建阳白茶，清鲜淡雅的青香，透出悠悠的花香，滋味鲜醇甘爽，两颊生香，少许涩感让茶汤的口感变得更加丰富，让人感觉一种春天的味道。

（吴麟）

（四）贡眉白茶前世今生

"贡眉白茶"的出现纯属偶然

"贡眉白茶"历史悠久，原产地在建阳漳墩镇南坑（今属桔坑村）。据《水吉志》记载："白茶"在水吉紫溪里（今建阳区漳墩镇南坑）问世。清乾隆三十七年（1772）由肖氏兄弟所创制，迄今已有 240 多年的生产历史。据肖氏后裔肖乌奴回忆：南坑白茶是其祖辈创制的。肖氏兄弟之所以会创制出白茶，纯属偶然。南坑产茶历史久远，早在唐朝至明神宗中期皆产绿茶。明末清初所产的半发酵绿茶，纳入武夷茶系列出口。由于大量出口的茶冲击了欧美市场，当地人为保护自身利益，纷纷成立"抗茶会"加以抵制。1773 年 12 月还爆发了有名的"波士顿毁茶事件"。于是，垄断华茶外销的英国人采取措施，压缩华茶进口。据史载：清乾隆三十七年英国进口华茶（包括武夷茶）达 3000 万磅，到了清乾隆五十三年，进口华茶骤减至 330 万磅。作为武夷茶中的南坑茶自然是价跌滞销，效益低落。面对茶园，肖氏兄弟无心经营，半采半荒。就连原先制作绿茶、乌龙茶的传统半发酵工艺也懒得去做，为省工省炭，采摘下来的茶青不炒不揉，半晒半晾后出售。谁知无心插柳柳成荫。此种没经过发酵的茶，由于其产地特殊的气候和自然条件，使得茶叶外形毫心肥壮，茸毛多而洁白，叶质柔软，经半揉半晾，干茶色泽翠绿，注入 80℃ 温水冲泡后，毫心与嫩叶相连，绿面白底透着银光，白得透明，白得纯粹，叫人想起黄山顶的清泉水、天山上的陈年雪。此种由幼嫩茶芽制作而成的茶叶，因披满白毫，茶商便称其为"白毫茶"，又因出产南坑，故又俗称"南坑白"。此茶品饮时顿感滋味清凉醇爽，香气鲜纯，有别于绿茶、红茶。该茶销往西欧、东南亚市场后，不少大腹便便、体态臃肿的消费者饮用后，觉得此茶有着减肥刮肠之功效，纷纷求购此种白茶，于是，引来众多茶商争相竞购，使得"南坑白"茶价直飙上升。朝廷官员见此种白茶味道清香，其形因披满白色的茸毛，状如寿星的眉毛，因而称曰"寿眉"，便将索购的"南坑白"进贡朝廷，于是，上乘的"寿眉"便改称为"贡眉白茶"。面对市场看好，肖氏兄弟皆大欢喜，不遗余力，大力扩种南坑特种小白茶。

贡眉白茶的特殊工艺与功效

优质的贡眉白茶，是选小白茶的嫩芽幼叶为原料，一般采用一芽一叶制作而成。白毫芽心多，色泽银里透绿，叶底匀整、柔软、鲜亮，叶张主脉迎光透视时呈红色，味醇爽，香鲜纯。贡眉白茶的特殊加工工艺是：萎凋—烘干—拣剔—烘焙—装箱。

小白茶发源地／漳墩镇政府供

萎凋的目的有两个方面，一是"走水"，即去掉水分（表面问题），二是"生化"（内质问题），即通过萎凋使茶青在一定的失水条件下引起一系列来自自身因素的生物化学变化，其变化也是随茶青水分的变化，由慢到快，再由快转慢，直到干燥为止。贡眉在萎凋中的"生化"过程也是天然发酵过程，所以贡茶是白茶，也是微发酵茶。加工贡眉白茶，全萎凋的品质最好，色泽灰绿或翠绿、鲜艳，有光泽，毫心才会洁白，叶张才会伏贴，两边缘略带垂卷形，叶面有明显的波纹，嗅之没有"青气"，而是有一种令人欣喜的清香气味。若用半加温萎凋，色泽常灰黄，毫毛易脱，如果烘焙不慎会带有烟味。所以加工白茶虽然"简单"，但并非是轻而易举可以学会的一门技术。寿眉与贡眉，只是鲜叶原料略有不同之处，寿眉一般是采用一芽两叶制作，其他方法基本一致。

国人平时常饮绿茶、红茶、花茶，却很少听人说饮白茶。其实，我国茶叶分六大类：绿茶、红茶、黄茶、白茶、青茶和黑茶类，白茶就是其中之一。英国《最佳营养学》杂志曾介绍，相对于绿茶来说，白茶由于制作工艺简单，保留了茶叶中的更多营养成分。中医药理证明，白茶性清凉，具有退热降火之功效。专家指出，和绿茶、乌龙茶相比，白茶中茶多酚的含量较高，它是天然的抗氧化剂，可以起到提高免疫力和保护心血管等作用。白茶中还含有人体所必需的活性酶，可以促进脂肪分解代谢，有效控制胰岛素分泌量，分解体内血液中多余的糖分，促进血糖平衡。此外，夏天经常喝白茶，可防中暑。专家认为，这是因为白茶中含有多种氨基酸，具有退热、祛暑、解毒的功效。研究表明贡眉、寿眉茶功效如同犀牛角，有清凉解毒、明目降火的奇效，可治"大火症"，在越南是小儿高热的退热良药。据《大潭书》载：邑中有"没有羚羊、犀角，就用白毫银针"之说。白茶的杀菌效果也要强过绿茶。美国纽约佩斯大学的米尔顿·斯奇芬伯博士最近指出，他和研究人员把白茶放入牙膏里，再涂在有细菌的实验台上。实验证明，混合有白茶的牙膏，杀菌能力显著增强。因此，他认为，多喝白茶有助于口腔的清洁与健康。

贡眉白茶发展的曲折历程

漳墩南坑白茶的发展史，是一个呈马鞍型的曲折过程。据史载：嘉庆二十二年至道光末年（1817—1850）紫溪里（今漳墩）一带"茶笋连山，茶居十之

上林茶厂遗址

八九，茶山衮延百十里，寮厂林立"。据肖氏后裔肖乌奴生前回忆：先祖肖苏伯、肖占高早在嘉庆年间，为扩大南坑白茶的种植面积，曾大量募召来自江西的茶农来此开山种茶，加工白茶，一时盛况空前。肖苏伯、肖占高除了雇请大量江西的茶农外，还先后办起白茶加工厂，名曰"上林厂"。办厂期间，规模很大，迄今还残留当年从台湾运来的石板材。清代名人蒋蘅在《云寥山人文钞》写道："水吉茶市之盛，几埒（建）阳、崇（安）。"其《记十二观》一书也说："自踏庄赴广（州），茶市之盛，不减崇安。"因南坑属水吉县管辖，因而，南坑白茶销往国外，水吉便成了白茶外销的集散地。同治七年（1868）后，白茶作为侨销茶，大量销往马来西亚、印尼、越南、缅甸、泰国等地。光绪年间香港、广州、潮汕茶商在水吉开办茶店就多达60多家，其中有金泰、杰泰等港商21家，友兰、绿华等穗商3家，瑞苑、奇苑等厦商4家。据《茶业通史》载：民国十三年（1924）出口白茶6万余箱（约2万担），民国二十五年（1936）水吉产白茶1640担，约占全省白茶出口的48.17%。民国二十九年（1940）核准加工水吉出口白茶3600箱（其中白牡丹950箱，寿眉2650箱），占全国侨销茶的三分之一。然而，抗日战争的爆发，外销停滞，使得南坑茶区白茶生产元气大伤，到了1949年，水吉白茶产量仅有30吨。20世纪60年代，白茶产业开始复苏，最高年产量达60多吨，占全省白茶总产量的80%。1979年，水吉一带产白茶猛增至75吨（南坑小白茶20吨）。尔后，由于国际市场价格下降等变化原因，20世纪80年代茶区开始大量改制绿茶，使得白茶年产量徘徊在 60 吨左右。

改革开放后，随着农村产业结构调整，茶叶生产恢复生机。近年来，漳墩镇大力支持发展白茶产业，对传统茶园进行低产改造，指导茶农进行无公害种植，向茶园高标准、无害化和有机化方向发展，努力提高茶叶品质和产量。全镇茶叶产品主要有贡眉、白牡丹、水仙及绿茶等，全镇现有茶园面积 1.78 万亩，其中白茶产量占茶叶总产量的 80% 以上。2008 年漳墩贡眉白茶出口 2000 担，出口创汇近 200 万元。为了充分挖掘和开发"贡眉白茶"的品牌效益，带动茶叶产业发展，漳墩镇党委书记蓝长柏介绍说："镇党委、政府已将发展贡眉白茶作为支柱产业来抓，并出资为企业注册了'建溪春'贡眉白茶商标。该商标曾荣获两届南平市'知名商标'称号。2012 年 3 月 14 日，'贡眉白茶'商标经国家工商总局认定为地理标志证明商标。如今，我镇生产的贡眉、寿眉已成为全国独有白茶品种。贡眉白茶在 1984 年全国名茶品质鉴评会上被授予'中国名茶'称号。2006 年 1 月 23 与 2011 年 8 月 21 日，韩国茶道大学院茶文化考察团茶叶专家一行两次千里迢迢来到漳墩镇对'贡眉白茶'进行考察、交流，并与漳墩茶商签订了订购'贡眉白茶'的合同。"前些日子，该镇成立了南坑贡眉白茶专业合作社，并建立了 1100 亩的示范基地，力争年产贡眉白茶 3000 担。笔者在该镇兴业白茶厂采访时，看到该厂厂长叶赞喜正忙着为出口贡眉白茶装车。他喜滋滋地说道："通过加大品牌意识宣传，如今'贡眉白茶'供不应求！今年大约要出口'贡眉白茶'2000 担！这些产品大多远销德国、荷兰、法国、东南亚国家和港台地区。"

（李家林，《福建乡土》2016 年第 4 期）

（五）松溪"白仔"前世今生

方言"白仔"，是松溪古人对白茶的昵称。松溪"白仔"可追溯到千年前的北苑贡茶时期，宋子安于 1064 年撰写的《东溪试茶录》，其中所述建溪上游的东溪，便是源自浙江省庆元县百山祖南麓的松溪河。古时松溪白茶药用为主，而作为商品的松溪工艺白茶，又是如何逐步形成？经历哪些跌宕起伏？

茶园耕地

干茶

历史辉煌

位居古代"越五剑之首"湛卢剑的产地湛卢山，乃松溪第一名山。此山四周，被松溪与政和的老白茶区环抱着。清乾隆年间，产自建阳水吉漳墩一带的"南坑白"，以菜茶品种采制的称"小白"，以水吉水仙品种制成的称"水仙白"。南坑白史上最早传入松溪花桥、郑墩和政和东平等地。松溪县花桥乡塘边、路桥、寺坑、大浦、源尾等村是老茶区。松溪花桥与建阳漳墩位置紧邻，语言交流无碍，民间习俗一样，经贸时常互通，都以水仙茶与当地菜茶品种为主。1980年，松溪县茶业局调查发现塘边、路桥、寺坑、大埔、源尾一带，村前屋后都留下树龄达百年以上的水仙古茶树，树高3—4米，如今大多数已被茶企购买移种。老茶农反映，清末民国期间生产的水仙白、小白、大白茶，茶农都沿山路用肩挑到建阳漳墩出售。

《松溪县志》记载，清光绪十八年（1892）松溪产茶4700担，约等于235吨，半数是白茶。1918年，政和铁山、稻香一带以及松溪高洋、吴山头、吴屯、前坑等地改产"白仔"茶，几乎家家户户采制。1934年，松溪白茶还产1350担。1937年，当地选送白毫茶、仙岩功夫茶等参加福建省土特产竞赛会，参展的白毫茶是由采自当地小茶笋芽制成，外形短壮、白毫挺拔，香气高显幽长，汤色杏黄透亮，滋味鲜爽醇厚。

一度沉寂

1949 年，松溪茶叶种植面积仅 800 亩，产量 270 担。之后，松溪白茶生产快速恢复。1962 年，有茶山 3000 多亩，产量 1500 担，其中白茶占总产量 40% 左右。张天福于 1963 年 8 月发表的论文《福建白茶的调查研究》，其调查表数据与松溪白茶实际基本相符。83 岁的游乃恩与 79 岁的黄可芳老前辈毕业于福安茶校，他们回忆花桥乡当年产水仙白、大白、小白共 20 多担，因私自挑往建阳漳墩出售，故未统计在内。张老的调查统计显示：当年全省白茶总量 3150 担，松溪白茶总量 575 担，占全省 18.3%，列第二位；建阳列全省第一位，福鼎列第三位。1969 年，松溪白茶约 3000 担。原松溪县茶厂副厂长叶顺仁说，松溪白茶调往建瓯茶厂精加工，由中茶公司出口，故没有松溪自己的品牌。业外人士大多以为松溪没有红、白茶，只有绿茶。恰恰相反，从清朝开始松溪红、白茶生产是亮点，绿茶产量偏少。

受复杂变化的国际贸易关系影响，20 世纪 70 年代红、白茶出现滞销。1970 年，松溪在西门、东门、河东、长巷等大队试种茉莉花。1972 年"红改绿"茶。1973—1974年，松溪郑墩茶场引进全套蒸青设备，建了初精制厂，产品销往日本。1978 年，政府大力扶持发展茉莉花种植。1979 年，建成大型茶叶精制厂，主产绿茶、花茶。同年，白茶的收购量已降到 164 担。1982 年白茶停产。因计划经济等因素影响，松溪白茶一度消失。直至 1990 年末，松溪红、白茶生产才缓慢地恢复，但缺乏品牌影响力。

萎凋工艺 / 吴荣标供

乘势起航

不少茶客讲究口感，对形美、香高的茶类赞不绝口，而这点似乎是白茶的弱项，所以内销门路偏窄。早期白茶是由华侨带到国外，不料受到热捧，于是形成"墙内

九龙大白茶种质资源 / 吴荣标供

开花墙外香"的局面。为了满足国际市场需求，中茶公司每年要到老茶区找白茶，下订单。传统产品不够销，又到福鼎找白琳茶厂王奕森合作生产新工艺白茶。福鼎"品品香"的林健，最早意识到白茶魅力在于健康功效，决心做中国白茶第一品牌，如今实现梦想；政和打造"政和白茶"公共品牌，成效显著。振兴松溪白茶的意识，重新被唤醒。

松溪发展白茶人才济济。茶学博士袁弟顺，20世纪90年代潜心研究白茶，著述《中国白茶》教科书，桃李满天下；在中国农科院茶叶研究所工作的松溪籍研究员罗逢健，是陈宗懋院士得意门生与得力助手，他所研究的"茶叶营养、农残检测分析"成果获得国际上很高的声誉。此外，松溪具备制作白茶技术力量强大的科技队伍，还有一大批实干家与传承人。20世纪80年代培育了"九龙大白茶"，兼具发芽特早、芽特长、毫特白、味特爽等特异优势。检测报告显示：九龙大白茶的水浸出物达39.8%，茶多酚达20.82%，氨基酸达4.7%，咖啡碱为4.72%，各项指标均优于福鼎大白茶。

松溪县是闽北第一个国家级生态县。山地土质深厚肥沃，有机质含量高，境内气候温和，雨量充沛，为生产白茶提供了极佳的生态环境。境内瑞茗茶企由中茶公司投资，为松溪有机白茶的龙头企业，2017年生产白茶150吨，产值1200万元。郑墩茶人李光发，因喜得一包清道光年间传下的"湛卢小白"，深受启发创办了茗博白茶厂，白茶卖价好、客户评价高。2016年，龙源茶厂参赛作品白毫银针荣获"武夷杯"状元奖。山之韵茶企生产的白茶，多次在省上摘得奖项。武夷美嘉、湛峰、鹤峰、佳德等一批茶企，生产的寿眉白茶品质好，茶商慕名纷纷前来采购。

2018年，松溪县拥有茶企260家，其中生产合作社110家。目前白茶产量为1065吨，占产茶总量13%。眼下，松溪县人民政府与茶企形成共识，正专心致志打造"松溪白茶"公共品牌，加大传统松溪小白茶产品的研发力度，体现该品种在市场中的差异化特征，努力提高"松溪白茶"市场占有率。

（朱步泉　施成就）

第二章

白茶品质

第一节　白茶分类与品质特征

　　白茶，属于轻微发酵茶，系六大茶类之一，亦是福建省的特种外销茶类，主产于福建的福鼎、政和、建阳等地。传统白茶制法特异，不炒不揉，直接萎凋、烘干而成。白茶按采摘标准不同可分为白毫银针、白牡丹、贡眉、寿眉等。白茶按茶树品种不同可分为"大白""水仙白"和"小白"。采自福鼎大白茶、福安大白茶、政和大白茶品种的鲜叶制成的成品称"大白"，采自水仙品种的鲜叶制成的成品称"水仙白"，采自菜茶品种的鲜叶制成的成品称"小白"。现在生产的白茶品种主要有福鼎大白茶、福鼎大毫茶、福安大白茶、政和大白茶等，已很少用水仙、菜茶来生产白茶。

　　白茶要求鲜叶"三白"，即嫩芽及两片嫩叶满披白色茸毛，经过萎凋、干燥等工序，形成了外形毫心肥壮银白，叶张肥嫩，叶态自然伸展，芽叶连枝，叶色灰绿，汤色浅黄明亮，毫香显，滋味鲜醇，叶底嫩匀等白茶独特的品质特征。

（一）白茶产品分类

　　白茶传统产品有银针、白牡丹、贡眉、寿眉等不同的花色类型。

白毫银针

白毫银针

　　白毫银针又称"银针白毫""银针""白毫"，采用福鼎大白茶、福鼎大毫茶、福安大白茶、政和大白茶等大白茶或福建水仙茶树品种肥壮芽头制成。产于福鼎的采用烘干方式，亦称"北路银针"；产于政和的采用晒干方式，亦称"南路银针"。而采用普通茶树品种单芽

制成的，称为"土针"。

白牡丹

白牡丹是采用福鼎大白茶、福鼎大毫茶、福安大白茶、政和大白茶等大白茶或福建水仙茶树品种一芽二叶嫩梢制成。采用福建水仙茶树品种制成的白牡丹，又称"水仙白"。

白牡丹

寿眉

贡眉

采用茶树有性群体品种菜茶的芽叶（一芽二、三叶）制成的称"贡眉"。

寿眉

以大白茶、水仙或群体种茶树品种的嫩梢或叶片为原料，经萎凋、干燥、拣剔等特定工艺过程制成的白茶称"寿眉"。

新工艺白茶

亦称"新白茶"，产于福建福鼎的新型白茶，是为适应香港地区消费需要于1968年研制出的新产品。鲜叶原料与制法同"贡眉"，但在萎凋后需经轻度揉捻。

（二）白茶品质特征

白毫银针品质特征

鲜叶原料全部是茶芽，制成成品茶后，形状似针，长2.0—3.0厘米，白毫密被，色白如银。冲泡后，香气清鲜，滋味醇和，杯中的景观妙趣横生。茶在杯中冲泡，即出现白云疑光闪，满盏浮花乳，芽芽挺立，蔚为奇观。各级白毫银针品质要求见《GB/T22291—2017白茶》。

白毫银针品质特征

级别	外形				内质			
	叶态	嫩度	净度	色泽	香气	滋味	汤色	叶底
特级	芽针肥壮，匀齐	肥嫩，茸毛厚	洁净	银灰白，富有光泽	清纯，毫香显露	清鲜醇爽，毫味足	浅杏黄，清澈明亮	肥壮，软嫩，明亮
一级	芽针瘦长，较匀齐	瘦嫩，茸毛略薄	洁净	银灰白	清纯，毫香显	鲜醇爽，毫味显	杏黄，清澈明亮	嫩匀，明亮

白牡丹品质特征

白牡丹外形呈自然叶态，芽叶连枝，两叶抱心绿叶夹银毫，形似花朵。干茶叶色焦绿或墨绿，银色芽毫显露，叶背满披白毫，绿面白底，故以"天蓝地白"

白牡丹新茶茶汤

或"青天白地"形容；且叶面、叶脉、节间枝梗色泽有别，即色呈"绿叶红筋"，因而又以"红装素裹"形容。制茶时要求叶张肥嫩且波纹隆起，叶背垂卷，忌断碎，叶色忌草绿、红黑。内质毫香显，味鲜醇，不带青气和苦涩味；汤色杏黄，清澈明亮，叶底浅绿，绿面白底，叶脉微红。其中"大白"叶张肥壮，毫心肥大，色泽黛绿，香味鲜醇；"水仙白"叶张肥大，毫心长而肥壮，叶色墨绿，香味清芬甜醇。各级白牡丹的品质要求见下表。

白牡丹品质特征

级别	外形				内质			
	叶态	嫩度	净度	色泽	香气	滋味	汤色	叶底
特级	芽叶连枝，叶缘垂卷，匀整	毫心多肥壮，叶背多茸毛	洁净	灰绿润	鲜嫩纯爽，毫香显	清甜醇爽，毫味足	黄，清澈	毫心多，叶张肥嫩明亮
一级	芽叶尚连枝，叶缘垂卷，尚匀整	毫心较显，尚壮，叶张嫩	较洁净	灰绿尚润	尚鲜嫩纯爽，有毫香	较清甜醇爽	橙黄	有毫心，叶张尚嫩尚明
二级	芽叶部分连枝，叶缘尚垂卷，尚匀	毫心尚显，叶张尚嫩	含少量黄片	尚灰绿	浓纯，略有毫香	尚清甜醇厚	橙黄	有毫心，叶张尚嫩、稍有红张
三级	叶缘略卷，有平展叶、破张叶	毫心瘦，显露，叶张稍粗	稍夹黄片蜡片	灰绿稍暗	尚浓纯	尚厚	尚橙黄	叶张尚软，有破张，红张稍多

贡眉品质特征

贡眉形似白牡丹，但整体偏瘦小，叶色灰绿带黄，品质次于白牡丹。各级贡眉品质要求见下表。

贡眉品质特征

级别	外形				内质			
	叶态	嫩度	净度	色泽	香气	滋味	汤色	叶底
特级	芽叶部分连枝，叶态紧卷，匀整	毫尖显，叶张细嫩	洁净	灰绿或墨绿	鲜嫩，有毫香	清甜醇爽	橙黄	有芽尖，叶张嫩亮
一级	叶态尚紧卷，尚匀	毫尖尚显，叶张尚嫩	较洁净	尚灰绿	鲜嫩，有嫩香	醇厚尚爽	尚橙黄	稍有芽尖，叶张软尚亮
二级	叶态略卷稍展，有破张	有尖芽，叶张较粗	夹黄片铁板片、少量蜡片	灰绿稍暗，夹红	浓纯	浓厚	深黄	叶张较粗稍摊，有红张
三级	叶态平展，破张多	小芽尖稀，露叶张粗	含鱼叶，蜡片较多	灰绿夹红	浓，稍粗	厚，稍粗	深黄微红	叶张粗杂，红张多

寿眉品质特征

寿眉成茶不带毫芽，色泽灰绿带黄，香气低带青气，滋味清淡，汤色淡杏绿色，叶底黄绿粗杂。

寿眉品质特征

级别	外形				内质			
	条索	整碎	净度	色泽	香气	滋味	汤色	叶底
一级	叶态尚紧卷	较匀	较洁净	尚灰绿	纯	醇厚尚爽	尚橙黄	稍有芽尖，叶张软尚亮
二级	叶态略卷稍展，有破张	尚匀	夹黄片铁板片、少量蜡片	灰绿稍暗，夹红	浓纯	浓厚	深黄	叶张较粗稍摊，有红张

建阳小白茶汤　　　　叶底

新工艺白茶品质特征

外形条索粗松尚卷曲，香清味浓，滋味平和回甘偏浓，汤色杏黄偏深，叶底开展，色泽青灰带黄。

（三）茶树品种适制性

白茶主要茶树品种

适制白茶的茶树品种有很多，这里主要介绍 8 种。

（1）菜茶

菜茶是指用种子繁殖的茶树群种，栽培历史有 1000 余年，由于长期用种子繁殖与自然变异的结果，因而性状混杂。叶脉隆起，叶质厚而脆。结果率甚高。芽数密，育芽力强，抗逆性甚强。适制红茶、绿茶、乌龙、白茶。

（2）福建水仙

福建水仙又名水吉水仙或者武夷水仙。无性繁殖系，小乔木型，大叶类，迟芽种，三倍体。1985 年全国农作物品种审定委员会认定为

高山小菜茶／高妙钦摄

水仙白 / 杨丰供

福鼎大白茶

国家良种，编号 GS13009-1985。原产于福建省建阳区小湖镇大湖村岩叉山，栽培历史近 200 年。一芽二叶鲜叶含氨基酸约为 2.6%，茶多酚 25.1%，鲜叶水浸出物含量高达 49.23%，单宁 22.29%。生长势旺盛，抗逆性强。在福建最低温下可以安全越冬。

产量高，约比当地菜茶增产 100%。制白茶品质极优，色稍黄，茸毛显露，富有香气。

（3）福鼎大白茶

福鼎大白茶又名福鼎白毫，简称福大，在所有白茶区均有种植。无性繁殖系，小乔木型，中叶类，早生种。1985 年全国农作物品种审定委员会认定为国家良种，编号 GS13001-1985。

原产于福鼎柏柳乡（今属点头镇），春茶鲜叶含氨基酸 4.37%、茶多酚 16.2%。制成白茶品质极佳，以茸毛多而洁白、白绿、汤鲜美最为特色。

（4）政和大白茶

政和大白茶又称政大。小乔木型，大叶类，晚生种，混倍体。1985 年全国农作物品种审定委员会认定为国家良种，编号 GS13005-1985。

原产于政和县铁山镇高仓头山。春茶含氨基酸 2.37%、茶多酚 24.96%。

制白茶色稍黄，以芽肥壮、味鲜、香清、汤厚最为特色，制白毫银针，颜色鲜白带黄，全披白毫，香气清鲜，滋味清甜。

（5）福安大白茶

福安大白茶又名高岭大白茶。无性系，小乔木型，大叶类，早生种，二倍体。1985 年全国农作物品种审定委员会认定为国家良种，编号 GS13003-1985。原产福安市康厝乡上高山村。抗逆性强，适应性广。

政和大白茶芽

福鼎大毫茶

政和大白老丛 / 李隆智摄

制工夫红茶，条索紧美，色泽润，香郁味醇。制烘青绿茶，栗色持久，滋味浓鲜，汤绿明亮。制白茶色稍暗，以芽肥壮、味清甜、香清、汤浓厚最为特色，制白毫银针，颜色鲜白带暗，全披白毫，香气清鲜，滋味清甜。

（6）福鼎大毫茶

福鼎大毫茶简称大毫。无性系，小乔木型，大叶类，早生种，二倍体。1985 年全国农作物品种审定委员会认定为国家品种，编号 GS13002-1985。原产福鼎市点头镇汪家洋村，已有百年栽培史。20 世纪 70 年代后，江苏、浙江、四川、江西、湖北、安徽等省有大面积栽培。

春茶氨基酸含量约 1.8%，茶多酚约 28.2%。制白茶，满披芽毫，色白如银，香清味醇，是制白毫银针、白牡丹的高级原料。

（7）福云六号

无性繁殖系，小乔木型，大叶类，特早生种。1985 年全国农作物品种审定委员会认定为国家品种。由福建省农科院茶叶研究所从福鼎大白茶与云南大叶种自然杂交后代中系统选育而成。全国主要产茶区均有分布。

九龙大白鲜叶 / 吴荣标供

春茶含水浸出物 36.8%、茶多酚 25.9%、氨基酸总量 2.2%、咖啡碱 3.4%、儿茶素总量 151.2 毫克 / 克。制成的白茶色泽好，白毫显露，但滋味、香气稍差。

（8）歌乐茶

福建福鼎的地方品系。无性系，小乔木型，中叶类，早生种，二倍体。原产福鼎市点头镇柏柳村，已有 100 多年栽培史。春茶一芽二叶干样含氨基酸 3.9%、茶多酚 25.3%、咖啡碱 3.6%。制

歌乐茶

成的白茶色泽好，白毫显露，滋味、香气好。

白茶树种适制性

每一种茶树品种都有适合制作的茶，如龙井 43 适合制作绿茶，铁观音适制乌龙茶，祁门种适制红茶、绿茶，但制作成红茶品质更佳。福鼎大白茶、福鼎大毫茶茶树品种适合制作白茶、绿茶以及红茶，经过多年的实践，福鼎大白茶和福鼎大毫茶最适合制作白茶。这是因为不同的茶树品种具有各自的遗传特征，因而构成了不同的生理、生化特性，所以茶树品种的适制性十分重要，它关系到茶叶产品的质量。

福鼎大毫茶、福鼎大白茶的丰富种质资源，是福鼎白茶品牌得天独厚的资源财富，其白茶产品的香气成分均比其他品种为原料生产的白茶产品高 4.7%，芳香提取物高出 1.2%。更为奇特的是，福鼎大毫茶的茸毛比例比其他茶树种高出289%。

研究发现，茶树芽叶上的茸毛细胞的液泡内含茶多酚类物质和氨基酸等有益物质，是构成茶汤香气与滋味的主要成分。芽叶上的茸毛既可抵抗外界不良气候带来的危害，又可增进茶叶自身品质。茶树芽叶茸毛的生化特性对白茶滋味的品质产生重要影响；茸毛色泽银辉跃目，大大增加了形体美感，更是香味品质的直接影响物；毫芽茸毛是产生福鼎白茶之毫香蜜韵的物质基础。

叶乃兴与袁弟顺等也研究了白茶茶身和茸毛的生化特性，发现茶叶芽头茸毛的氨基酸含量显著高于茶身。白茶茸毛的茶氨酸、天冬氨酸和谷氨酸、丝氨酸、丙氨酸等组分含量显著高于茶身，这些组分具鲜爽带甜滋味。茶树芽叶茸毛具有高氨基酸含量和低酚氨比特性，对白茶风味品质的形成具有重要作用。

福鼎大白茶、福鼎大毫茶的茸毛比例体现了白茶营养成分及商品价值，丰满的茸毛不仅赋予白茶银装素裹的体态美感，更赋予福鼎白茶特有的色、香、味、形俱佳的品质特色。根据白茶品质形成的机理要素和优良品质原料的特征、特性和特点，应采取"良种良法"的相应技术措施，充分发挥芽叶茸毛应有的商品价值。

福鼎大白茶、福鼎大毫茶这两个品种的鲜叶原料加工的产品，具有典型的福鼎白茶品质风味。从茶树上采摘下来的幼嫩芽梢，富含银白秀丽的茸毛，其毫芽肥壮、茸毛银白的生理特征，经独特的白茶传统制作技艺，保持茸毛原形本色，极致发挥其毫色银白、叶墨绿、毫香清爽味甜醇的特色品质，是用其他品种制作的白茶所难以媲美。

陈茶干茶

"毫香蜜韵"从何而来

福鼎白茶的品质特点被誉为"生态毫香，自然蜜韵"。毫香蜜韵指的是白茶茶香中饱含特殊毫香，花香气味，茶汤的滋味鲜爽，回甘十分强烈。

泡饮新白茶，其滋味虽不浓，但回甘效果好；泡饮老白茶，其滋味相对浓厚些，回甘的感觉更强。

那么，这种别致的"毫香"到底来自哪里呢？简单而言，主要来自于两个部分：品种原料和加工工艺。

（1）品种原料

决定原料品质形成的直接原因是茶树品种，福鼎白茶原料均采自福鼎大白茶树和福鼎大毫茶树，大白的特点是毫毛特别多，而大毫的特点是芽头肥壮，毫毛密集。茶叶上的毫毛我们称之为"茶毫"，为长绢丝的单细胞。

一般细嫩芽头白毫满披，似雪如银，随着芽叶的成熟，慢慢枯干脱落。茶毫富含多种化学生物，并能分泌芳香物质，所以芽茶成茶多具毫香。

白茶品种的芽叶嫩梢内含成分的酚氨比（茶多酚与氨基酸的比值，是衡量茶汤滋味的协调性和茶叶品种的适制性的一个参数）较低，鲜爽度较高，茶树品种决定了适制福鼎白茶的鲜叶原料特性。

当然，茶树种植生态环境和栽培技术对鲜叶原料品质的形成也具有十分重要的作用。

（2）加工工艺

白茶制作加工传承了最原始的日晒萎凋工艺，没有杀青和揉捻，不炒不揉，所以较好保留了茶叶最天然的状态，这为白茶充分发挥毫香提供了最佳条件。其一，长时间的萎凋，使茶叶氨基酸含量明显增高；其二，长时间文火烘焙使白茶中所含成分得以完好地保存下来。

茶叶中的香气，主要是由各种香气成分之间协调组合对嗅觉神经综合作用而产生。

①香气成分

脂类衍生物：尤其是己醇的含量较高，是白茶香气成分最突出的特征，也是白茶具有毫香蜜韵的一个原因。己醇有强烈的清香、果香和木香气息。这些香气成分是白茶具有鲜嫩香气品质的主要物质基础，这些小分子的醇、醛类可能是在白茶萎凋过程中形成的。

芳香族衍生物：含量较高的有苯甲醛、苯乙醛、苯甲醇、苯乙醇。苯甲醛具有强烈的杏仁气息，苯乙醛有强烈风信子香气和绿叶似的清香，苯乙醇具有柔和的玫瑰花香气，苯甲醇有微弱的芳香气息，香气贡献值较低。这些香气成分会使白茶感官上呈现清醇的香气特征。

萜类化合物：具有花香气味的萜类化合物含量较高，主要有香叶醇、芳樟醇、芳樟醇氧化物等。香叶醇有类似玫瑰的香气，芳樟醇有强烈的铃兰香气，并伴有木香，芳樟醇氧化物有强烈的木香花香，带有樟脑的气息。这些香气成分也会对白茶感官上毫香显露的特征有较大贡献。

②滋味形成

白茶滋味是一种多味的协调综合体，有可溶性糖的甜味，儿茶素及其氧化产物的涩味及醇和感，氨基酸的鲜爽味，咖啡碱的苦味，水溶性果胶的甘味及黏稠感。各种不同味感的物质成分之间彼此协调，共同形成白茶茶汤的独特蜜韵。

第二节　白茶制作工艺

（一）白茶萎凋工艺

六大茶类中，萎凋时间最长的就是白茶了。福鼎白茶制作工艺只有萎凋和干燥两道工序，成品茶质量的优劣关键在于萎凋。

萎凋，《中国茶叶大辞典》这样注释："红茶、乌龙茶、白茶初制工艺的第一道工序。鲜叶摊在一定的设备和环境条件下，使其水分蒸发、体积缩小、叶质变软，其酶活性增强，引起内含物发生变化，促进茶叶品质的形成。主要工艺因素有温度、湿度、通风量、时间等，关键是掌握好水分变化和化学变化的程度……萎凋程度最重是白茶，其次是红茶，再次是乌龙茶。"

20世纪60年代，福鼎白茶的萎凋方式产生了革命性的变革，从原有日光萎凋、复式萎凋，转变为室内加温萎凋方法，近年来经过福鼎茶人不断进行技术革新，室内加温萎凋技术日趋成熟。品品香茶业与福建农林大学联合开发的福鼎白茶最大的自动化生产线，福建省银龙茶叶科技有限公司的清洁化复式萎凋等，使得福鼎白茶制造不受气候因素影响，正因如此，福鼎白茶的年产量有了前所未有的提高。

摊青

晒青

并筛

烘焙（试温）

　　不同的白茶品类，白毫银针、白牡丹、寿眉、新工艺白茶所采用的萎凋方式与萎凋时间不同。

　　福鼎制造白毫银针，通常都采用日光萎凋。萎凋时，茶芽均匀地薄摊于篾箅或水筛上（篾箅，是一种长方形的竹编制的工具，长 2.2—2.4 米，宽 70—80 厘米，利用篾条编制而成，箅上有缝隙没有孔洞。茶农说，这种结构最适合白茶萎凋，遇上良好天气，茶的上、下面都有空气流通，做出的白茶质量就有保证。水筛，是一种具有大孔眼的大竹筛，径约 100 厘米，每孔约为 0.5 厘米见方，篾条宽 1 厘米左右）。茶芽摊放勿使重叠，因为重叠的部分会变黑，置日光下进行自然萎凋，摊好后放在架上，就不要用手翻动以免茶芽受机械损伤变红，或破坏芽茶上的茸毛；也不可放在地上，以免妨碍空气流通，使萎凋时间延长。萎凋总历时 48 至 72 小时不等，制茶师根据经验，观察气候（南风或北风天）、茶叶走水情况、茶色变化、茶叶的干度等进行调节。如遇雨天，当天晒不到六七成干，或当天只晒到六七成干而第二天遇到雨天，则当晚或第二天应立即用 40—50℃文火焙干。风大而天气干燥时，可于室内萎凋至减重 30% 左右，再用文火慢焙至干。

　　白牡丹与寿眉的萎凋方式基本相同，以室内加温萎凋为主。庄任《中国茶经》记述："近年福鼎茶厂白琳初制厂采用向萎凋室吹送热风进行鲜叶萎凋方法，室温掌握在 22—27℃，相对湿度掌握在 67%—75%，历时 25—30 小时，鲜叶含水

传统萎凋室上筛

复式萎凋

日光萎凋吉尼斯纪录

量 25% 左右……这种向室内吹送热风萎凋的方法制出的白牡丹成品，保持传统风格，品质不亚于自然萎凋的成品，而萎凋历时大大缩短，且不受天气影响。"

复式萎凋就是采用日光萎凋和室内自然萎凋相结合的方式，这种方式比较复杂，但高明的制茶师往往会通过这种办法制作出口感很好的福鼎白茶。新工艺白茶的萎凋可采用上述各种萎凋方法，时间偏短，萎凋程度略低。

不管哪种方式，萎凋时茶叶内含物都发生变化。袁弟顺在《中国白茶》中认为："白茶的萎凋并不是鲜叶的单纯失水，而是在一定的外界温湿度条件下，随着水分的逐渐散失，叶细胞浓度的改变，细胞膜透性的改变以及各种酶的激活引起一系列内含成分的变化，从而形成白茶特有的品质。"

刘仲华教授在 2012 年 6 月 16 日北京·福鼎白茶保健功效发布会上说："福鼎白茶的制作看似简单，但其中的奥妙无穷。"

评姐有话说：

白茶加工不经炒揉，关键程序是萎凋。萎凋过程细胞活力逐渐下降，氧化酶逐渐活跃，导致黄酮类化合物缓慢、轻度自然氧化，整个过程既不破坏酶促作用，也不促进氧化，生化变化活跃，逐渐形成白茶特有的品质。

萎凋时，叶片失水，叶态发生变化；叶绿素在叶绿素酶的作用下水解，使叶绿素 a、

b 的比例和细胞液酸度发生变化，叶绿素转化成衍生物，使叶色转暗绿；干燥时叶绿素继续遭到破坏。胡萝卜素、叶黄素的变化及茶多酚氧化物的形成，协调构成了白茶的特殊颜色。

萎凋过程中，淀粉和蛋白质分别水解成单糖、氨基酸，如白牡丹在制作过程鲜叶氨基酸为 100%，晒后烘干为 190%，烘干为 160%，其质量变化很大，为白茶香气与滋味的形成奠定了基础。

萎凋中后期，茶多酚缓慢轻微地氧化缩合，使氧化产物邻醌的量增加，毛茶儿茶多酚类总量大量减少，如白牡丹毛茶儿茶多酚类（黄烷醇）总量比鲜叶减少 76.83%，使茶汤滋味醇和，汤色呈杏黄色。

萎凋后期，酶活性降低，多酚类的酶促氧化逐渐为非酶性的自动氧化所取代，可溶性多酚类与氨基酸、糖与氨基酸相互作用，产生茶香物质。

干燥时，可溶性氧化物增加，儿茶素总量减少。儿茶素的自动氧化和较弱的酶促氧化是白茶品质形成的重要机制。

（杨应杰）

民间日光萎凋

阳光房萎凋

（二）新型花香白茶

花香型白茶即工夫白茶，系应用高香型乌龙茶新品种，如金观音、黄观音、金牡丹、紫牡丹等新品种，按白茶标准采摘茶叶鲜叶原料，同时又按白茶的基本加工工艺（鲜叶—萎凋—烘制—成品）兼容绿乌龙（花香型绿茶）加工工艺（鲜叶—晾青—杀青—揉捻—烘制—成品）特点制成的特种白茶。该茶色泽墨绿带白毫，外形自然，硬实，汤色杏黄透亮，滋味醇厚，甘甜滑口，具有乌龙茶本身所固有的天然花香。近年来，花香型白茶一经推向市场，颇受消费者的青睐，价格一路飙升，供不应求。但其工艺较一般的白茶更为复杂，也更难掌握。

工艺特点

（1）鲜叶采摘

花香型白茶的鲜叶采摘标准与名优白茶鲜叶采摘具有明显的区别，名优白茶是越嫩越好，但花香型白茶却不同，要求茶梢生长到一芽二叶初展，以采摘一芽一叶为最好，此时加工出来的花香型白茶外形、色泽、香气、滋味最佳。因此，好的鲜叶原料是花香型白茶产品优质的根本保证。同时注意保持芽叶的新鲜、匀整，不采雨水芽、露水芽、冻焦芽、病虫芽等。

（2）鲜叶摊晾、晒青

鲜叶采回后应及时摊放在摊青架上的竹筛上进行晾青，晾青厚度1—2厘米，晾青时间不少于1小时。因为鲜叶从茶山到车间，其温度、水分高低差别较大，极易造成成茶品质的差异，所以必须晾青。待到下午4：00左右，阳光较弱时，适度晒青，其间抖翻2—3次，以鲜叶自然萎软、色泽变暗、清香微露为晒青适度。

花香白茶干茶色泽偏翠绿

花香白茶拣剔工序

（3）鲜叶萎凋

花香型白茶加工工艺有一个较为独特的过程即萎凋，这是形成该茶品质风格的重要阶段，绝对不能缺少，但又不能像红茶那样萎凋，否则白茶风格就没了。因此，萎凋是该茶整个加工的关键步骤，通常情况是实施变温降湿过程，即先常温常湿（20—25℃，湿度65%—70%，目的是去除鲜叶内的自由水，促进叶体内的物质转化），后高温低湿（30—40℃，湿度10%—40%，目的是去除鲜叶内的结合水，促进叶体内的物质转化、白茶风格的形成与相对固定茶叶品质），整个过程主要以摊晾为主，翻青为辅，待茶叶原料花香显，白茶风格露，茶青减重60%—70%，萎凋即结束，时间一般25小时以上。

（4）揉捻做形

花香型白茶有的有揉捻做形，有的没有揉捻做形，主要目的是压缩体积，增加茶汤浓度。一般来讲，原料好的鲜叶不揉捻做形，原料差的鲜叶要揉捻做形，而且是以短时（5—10分钟）轻揉（揉捻机盖轻轻盖住茶叶即可）为主。

（5）烘干

这道工艺措施与普通白茶基本一致，但细节有所不同，主要表现为：花香型白茶的鲜叶原料萎凋的减重率一般为60%—70%，而常规白茶的鲜叶原料萎凋的减重率一般为85%—90%，因此花香型白茶必须分两道毛火烘制，并且第一道毛火温度要高，时间要快，而常规白茶只需一道毛火就够了，且温度不必太高，烘干即可。

金观音品种茶树

（6）复火提香

待完成茶叶的拣选工序后，进行复火提香。将茶叶均匀摊在烘筛上，置于烘机内，温度控制在 70—80℃，以茶叶去异存香为度，时间 30—40 分钟，茶叶含水率为 5%—6%，以手指轻揉茶叶成粉末状为度，下烘机摊晾，然后包装入库待销。

市场前景

花香型白茶是一种新研发的特种白茶，该茶除具有常规白茶的一般特点外，还具有本身特有的产品特性，主要表现在以下三个方面。

香气：花香型白茶具有乌龙茶品种的天然花香，它不仅表现在茶体外嗅觉上，还融入到茶汤的味觉上，因此鉴赏花香型白茶时，能同时感悟到白茶的幽幽底蕴与乌龙茶的淡淡花香。

滋味：花香型白茶系应用乌龙茶品种的原料加工而成，其滋味特点除共性表现为白茶外，其个性的耐冲泡、滑口性、饱满性、花香性等方面均表现为乌龙茶的风格，常规白茶基本没有此特性。

存储：花香型白茶的存储方法与常规白茶一样，但结果相差较大，主要在香气方面与滋味方面同常规白茶有明显的不同，花香型白茶表现为厚实、幽纯且汤色透亮、华丽，这是常规白茶无法达到的。

由于花香型白茶拥有以上个性，再加上它的白茶共性，因此产品一直处于供不应求的局面。特别是这几年来，相关的政府与企业正极力宣传白茶，打造白茶品牌，白茶理念逐渐深入人心，所以花香型白茶市场前景广阔。

（三）新工艺白茶

新工艺白茶，又称新白茶，乃福建省为了适应香港地区消费需要于 1968 年开拓的新产品。1968 年，刘典秋在香港收白茶，他发现香港的餐馆需要低档白茶，要求价格便宜、质量合格的白茶产品，于是他委托福建省茶叶进出口公司的庄任和福鼎王亦森老师傅做此类白茶。王奕森根据刘先生的要求尝试做了 7 箱新工艺白茶，其加工是按白茶的加工工艺，在萎凋后加入轻揉制成。通过几位专家审评后，认为产品合格，发货到香港后很快就销售一空，于是，在1969年正式开始生产50吨，1979年生产75吨，此后年产约100吨。制造新工艺白茶的鲜叶原料同贡眉，来自小叶种茶树，原料嫩度要求相对较低。初制工艺，在萎凋后经过轻度揉捻。外形叶张呈半卷条形，色泽暗绿带褐，香清味浓，汤色橙红；叶底开展，色泽青灰带黄，筋脉带红，茶汤味似绿茶但无清香，似红茶而无醇感，浓醇清甘是其特色。因其条形较贡眉紧卷，汤色较深，而受到消费者的欢迎。

新工艺白茶之所以"新"是与传统白茶相比，其初制技术有以下三大特点：轻萎凋、轻发酵、轻揉捻。

新白茶工艺程序：鲜叶—自然萎凋（或加温萎凋）—轻揉捻—干燥—新白茶。

鲜叶原料

鲜叶原料要求相似于低档的贡眉、寿眉，嫩度要求不高，采摘标准为一芽二三叶、对夹二三叶及单片等。新白茶对原料嫩度的不过分苛求，一改传统白茶重视原料的工艺特点。

轻萎凋

新白茶的外形比传统白茶卷曲成条，因此需经揉捻，其萎凋程度要比传统白茶轻，这样才不易揉碎。

新白茶萎凋方法与传统白茶相同，可以采用自然萎凋、室内加温萎凋或萎凋槽加温萎凋。一般在正常气候条件下采用自然萎凋，萎凋程度易掌握，且成本低，品质好；低温阴雨天采用室内加温萎凋；气温低、多雨高湿情况下，生产周转不畅也可采用萎凋槽加温萎凋，但这种萎凋方法由于槽头槽尾的风量、温度不均，失水不匀。为了均匀，萎凋过程需人工翻动，往往造成萎凋叶机械损伤，

萎凋槽加温萎凋

引起红变，制成的新白茶有酵感，品质差，所以只有生产高峰期或连续雨天才采用。

（1）自然萎凋

室内自然萎凋方法与传统白茶工艺相同，即将鲜叶薄摊于萎凋帘席上，在适宜的温湿度条件下（温度20—25℃，相对湿度70%左右），历时50—70小时。萎凋适度时叶色转灰绿，微显清香，嫩叶萎凋程度可重些，老叶萎凋可轻些，以利于轻揉捻成形。

（2）加温萎凋

如采用萎凋槽加温萎凋，将鲜叶匀摊于萎凋槽上，摊叶厚度5—10厘米，风温25℃左右，历时18—24小时，其间进行三四次翻拌处理，萎凋适度标准同自然萎凋。

加温萎凋较自然萎凋具有时间短的优点，而且符合白茶在萎凋中的失水和形态特征变化的工艺要求，能与自然萎凋工艺效果相一致。但是，在内质转化方面往往因加温萎凋时间太短而达不到要求。同时还会出现叶和梗脉中失水不均衡的现象，表现为叶因失水过快变干脆，梗脉因走水不及而硬胀。为弥补这一缺陷，于加温萎凋之后辅以堆积处理。

新工艺白茶轻萎凋

萎凋过程是鲜叶失水及内含物发生一系列生化变化的过程，鲜叶失水后，叶子变为柔软，富有弹性，为揉捻造型创造条件，同时鲜叶内含物多酚类、糖类、氨基酸、果胶等发生一系列变化，形成萎凋叶特有的"萎凋香"，为新白茶内质的形成创造良好的条件。萎凋程度主要以鲜叶失水程度为工艺指标，新白茶由于增加揉捻成形工序，所以萎凋程度要轻，含水适当的萎凋叶，一般失水26%—28%，不超过30%，柔软而有弹性，揉时不易断碎，成形好。感官鉴别萎凋叶色泽由翠绿转灰绿，茸毛发白，叶缘微卷，手握叶子有刺触感，青臭气消失，发出甜醇的"萎凋香"即为适度。

萎凋历时与鲜叶的嫩度、气候、季节有关。从气候看，闷热低气压天气（即南风天）萎凋时间长，低温气爽的北风天萎凋时间则短。从嫩度与季节看，春茶嫩度好，叶张肥厚，鲜叶含水量高，萎凋时间要长；夏秋茶嫩度差，叶张瘦薄，含水量低，萎凋历时可相对缩短。

新工艺白茶干茶外形卷曲

轻发酵

轻发酵是新白茶制作的第二大特点。将适度的萎凋叶进行"堆积"，这就是新白茶的轻发酵作业，用以促进味浓、香高（与传统白茶比较）品质风味的形成，并为后续工序揉捻造型创造条件。

堆积的方法：将萎凋叶平铺于干燥洁净的地板上，不能压、踩、踏，堆积场所要求空气流通，堆积的厚度、历时视萎凋程度及天气情况有所变化，一般低温干燥天气堆叶厚 20—30 厘米，历时 3—4 小时；高温高湿的南风天堆叶薄些（15—20 厘米），历时稍短（2—3 小时）。萎凋程度重、含水量低的叶子堆积历时要长些，而萎凋程度轻的堆积历时可适当缩短。

堆积过程起了轻微发酵的作用，促进多酚类及其他成分在酶的作用下发生变化。通过堆积，叶子色泽进一步转向深绿或墨绿，青臭气消除，发出特殊的糖香，同时梗、叶脉中的水分重新分配，输向叶张，使萎凋叶变软、富有弹性，为揉捻创造有利的条件。

轻揉捻

轻揉捻是新白茶区别于传统白茶制作过程中独有的工序，目的在于改变因原料偏粗老、成形呆板不卷曲的特征，而使其略呈条索状；同时轻揉捻的意义还在

新工艺白茶轻揉捻

于使叶组织轻度破碎，使茶汤滋味趋浓，形成新白茶特殊的外形。揉捻与其他茶类的揉捻有所不同，轻压、短揉是新白茶揉捻的特点。加压程度及揉捻时间长短，与茶青的嫩度及季节有关。一般头春茶嫩度好的茶青轻压短揉3—5分钟，中等嫩度的茶青轻压揉5—10分钟，稍老一点的茶青加压揉10—15分钟，低档的夏秋茶则加压揉15—21分钟。揉捻历时掌握嫩叶短揉轻压，老叶略重压长揉为原则。总之，随着嫩度的下降揉捻时间要相应延长，因为嫩度好的茶青经过萎凋，柔软性强易成形，而粗老叶纤维素硬化不易成形。

干燥

采用烘干机烘干，目的是固定其品质，以达到曲卷成形、汤色杏黄、香味甜醇的新白茶品质特征。烘焙风温120℃左右，一次烘至足干。烘干过程温度可掌握适中偏高，快速焙干为宜，这样可防止白茶的后发酵作用，以避免因最后干燥技术不当而失去白茶的风格。而后再经精制的筛分、风选、拣剔、烘焙、拼配成箱。

新白茶精制烘焙火功要求较高，一般风温130—140℃，以突出火功香，主要目的是消除因原料成熟度偏高而带有粗薄感特征，所以高火功焙茶也是新白茶工艺的特色之一。

（四）紧压白茶历史沿革

紧压茶在茶业发展史上，曾经有过不平凡时期。唐、宋、元时期流行的就是紧压茶，宋朝发展到极致，龙团凤饼成为皇室贡品后，贵族阶层紧随其后，热炒龙团凤饼。直到明太祖朱元璋废团茶，改散茶，紧压茶的繁荣时代才得以结束。那个时期的紧压茶是绿茶，紧压茶制作整个过程中充斥着绿茶制作工艺。

《中国茶叶大辞典》对紧压茶是这样定义的："亦称'压制茶'。散茶或半成品茶蒸压成一定形状的团状茶。公元前3世纪周朝就有制作饼茶的记述。……唐宋时的团茶和饼茶也属紧压茶。现代紧压茶以散茶为原料，蒸热变软后趁热压制而成。根据原料茶类的不同，可分绿茶紧压茶、红茶紧压茶、乌龙茶紧压茶和黑茶紧压茶。紧压茶是重要的边销茶，主销西藏、青海、新疆、甘肃、内蒙古等地，外销俄罗斯、蒙古等国。"

从以上的资料中，我们没有见到紧压白茶。由于原来白茶产量很少，专供外贸出口，产品供不应求，福鼎茶厂白琳初制厂在20世纪六七十年代有少量的白茶紧压茶。直到20世纪90年代，茶业改制，福鼎境内白茶产量增加，当时，由

压饼

于国内茶叶市场对白茶认知度较低，许多人不懂得什么是白茶，出现了产销不平衡状态。2000 年后，福鼎有人尝试紧压白茶制作，2003 年，个别茶企开始专业生产紧压白茶。白茶因为有"一年茶、三年药、七年宝"的特性，紧压白茶更方便储存，而且经过实践证明，陈放后的紧压白茶滋味、口感、汤色等不亚于散茶，因此，紧压白茶很快被许多消费者接受和喜爱。

紧压白茶饼和其他紧压茶生产工艺基本一致，工艺流程是：成品白茶经过蒸汽蒸后，使茶叶变软（根据不同原材料茶，蒸的时间不同），通过紧压机械压制几秒钟成型后，再经过低温烘焙 30 多个小时，待白茶饼完全干燥后即可。

紧压白茶是白茶散茶的再加工茶，紧压白茶易存储，易携带，冲泡比较方便；更重要的是其香气、滋味、汤色有其特殊性。紧压白茶除了用紫砂壶、盖碗、大壶冲泡的方式进行泡饮，还可用煮。

紧压白茶在市面流行的基本呈饼状，故俗称其为白茶饼。如今，许多茶企不断进行创新，紧压白茶的外形也越来越多。白茶紧压后口味有新的变化，许多人认为新生产的白茶滋味清淡，汤色杏黄；加工成白茶饼后，汤色变浓，呈现红色，滋味醇厚，而且随着白茶饼储存年份不同，出现不同的香味、口味与汤色。

紧压白茶根据原材料不同，分紧压白毫银针、紧压白牡丹、紧压寿眉和老白茶饼。老白茶饼有两种概念，一种原材料就是用陈年老白茶进行加工，另一种是紧压白茶经若干年陈放，形成的老白茶饼。

（杨应杰）

（五）影响白茶品质的关键因子

白茶，属微发酵茶，以福鼎大白、政和大白、水仙等茶树品种加工而成，主要工艺是日光萎凋、低温烘干，使茶叶外形保持自然形态，既不破坏酶的活性，也不促进氧化发酵，从而保持茶的毫香，保证茶汤鲜爽。

白茶品质与品种有着密切的关系
白茶制作通常会选用芽叶上茸毛丰富的品种，比如福鼎大白、福安大白、政

LED 光源复合萎凋自动化生产线

和大白等，所制出的成品茶芽叶完整、密披白毫、色泽银绿、汤色浅淡、滋味甘醇。

自古以来白茶就作为药引，以茶入药。既为药，就应该从道地药材角度来理解品种。

"土地所出，真伪新陈，并各有法"——《神农本草经》

"性从地变，质与物迁"——《本草纲目》

优良的品种：在一定区域内表现出品质好、长势好、抗逆性强、适应性广、有效成分含量高等优良特性的品种。它有着稳定的遗传性状。

在其他地方长势较差或不能存活。而有些药材虽在其他地方能生长，但往往会发生品种退化，药材性状改变，有效成分含量下降或完全丧失，导致药效降低等情况。

福鼎大白（毫）茶由于适应性广、产量高，抗寒性、抗旱性、抗逆性强等特点，推广至全国近 20 个产茶省，但各地生长出来的茶叶品质、芽毫粗壮度与制作后的成品茶远远不如福鼎本地所产，正应了"淮南之橘，淮北为枳"的典故。

福鼎大白、福鼎大毫是国优茶树品种，福鼎特殊的地理气候条件和优越的自然生态环境十分适宜种植，它们的鲜叶多酚化合物质、蛋白质含量高于其他茶树品种，是制作白茶独一无二的好原料。这也是"世界白茶在中国，中国白茶在福鼎"的最主要原因之一。

加工工艺对品质的影响

白茶的加工工艺，简单阐述便是将鲜叶进行长时间的萎凋到八九成干，再文火慢焙或者日光暴晒，得到白茶。白茶的工艺看起来很简单，不炒不揉，实质上在长时间的萎凋和慢烘过程中，茶叶中的内含物质发生了各种变化，随着萎凋叶水分减少，酶的活性增强，叶子里多酚类化合物氧化聚合，同时淀粉、蛋白质水解成单糖、氨基酸等，它们间还有更多的相互作用，这些都为白茶特有的品质奠定了物质基础。

（1）采制时间：春茶为最佳，一般3—4月份开始采制，叶质柔软，芽心肥壮，茸毛洁白，茶身沉重，汤水浓厚、爽口。要选择晴天，尤以北风天最佳，以太阳大、气温高、湿度低，茶青容易干燥，可以制出芽白、梗绿的上等银针。

（2）拼配技术：白牡丹主要原料为大白茶，取其芽肥、味浓，拼配一部分（最好能和25%水仙白茶拼配），取其芽壮、香高（唯叶张稍带黄红）。白牡丹通常采一芽二三叶，以绿叶夹以银白毫心如花朵。

日光萎凋

（3）加工过程中发生的化学变化：白茶为微发酵茶类。萎凋时由于鲜叶中水分的蒸发，鞣质起了变化，细胞活力逐渐下降，氧化酶逐渐活跃，在强烈的呼吸作用下鲜叶开始进入了发酵。

由于单宁复合体的氧化，才能改变茶青原来的苦涩味和青草气，使茶叶的色香味都能达到人们理想的要求。但是白茶的发酵不若红茶，只能轻微进行到一定的程度就得停止，不然就失去了白茶特有的风格。白茶所要求的汤色，从生化方面来解释，可能是茶单宁复合体中儿茶酚氧化后形成的邻位醌是黄色的，如能适时终止其活动则可得到杏黄或橙黄色的茶汤；如不能及时停止其活动，拖长了萎凋时间，就会产生不合白茶要求的红色茶汤。

全日晒萎凋的品质最佳，色泽灰绿或翠绿、鲜艳，有色又有泽，毫心洁白，叶张服帖，两边略带垂卷形，叶面有明显的波纹，嗅之无青气，而有一种清香气味。

福鼎大白鲜叶

萎凋槽

半加温萎凋的，色泽常灰黄，毫毛易脱，如烘焙不慎则会带有烟味。

全用加温萎凋的，叶张皱缩，色泽青绿、燥绿，过一两天即变枯黄，色香味不正或带有涩味，品质不及半加温萎凋的。

高山小菜茶 / 高妙钦摄

第三章

白茶
功效

第一节　白茶保健养生

（一）白茶药理功效

白茶得益于不炒不揉的制作工艺，最大程度保留茶本身营养物质。白茶清凉解毒，尤其是白毫银针性寒凉，有退热降火、解毒之功效，其功效同犀牛角，可退小儿麻疹的高热，被视为治疗麻疹的良药。

白茶的功能成分

白茶含有的主要功能性成分有茶多酚、咖啡碱、茶氨酸、茶多糖、茶黄素、茶红素等，对人体有很好的保健功能。检测结果表明：氨基酸、黄酮类和可溶性糖，

白茶山

以白茶含量最多。特别是最近美国学者有关白茶具有有效抗癌功能的研究结果的发表，使白茶具有不可估量的市场潜力。

白茶中的主要功效成分如下。

（1）氨基酸：使得茶汤鲜爽，可安神、提高免疫力。

（2）咖啡碱：呈苦味，是构成白茶滋味的重要成分，含量与茶叶嫩度正相关。

（3）茶多酚：茶多酚在茶叶中含量高，是天然的抗氧化剂。其中，儿茶素具有"三降三抗"作用，尤其是黄酮物质，年份越久的白茶含量越高。

（4）茶多糖：粗枝大叶含量更高，所以老寿眉降血糖效果更好。

白茶种质资源的主要生化成分含量

种质	茶多酚(%)	游离氨基酸（%）	酚氨比	黄酮类化合物（g/kg）
福安大白茶	25.35±0.60	2.78±0.32	9.13	5.07±0.33
福鼎大白茶	22.68±0.18	1.95±0.10	11.64	3.25±0.29
福鼎大毫茶	30.18±1.15	2.62±0.35	11.50	2.79±0.07
福云6号	28.84±1.36	3.83±0.24	7.53	3.26±0.36
福云7号	26.96±0.59	2.07±0.21	13.03	6.86±0.50
福云8号	25.32±1.65	2.12±0.23	11.95	4.75±0.48
福云10号	20.49±1.45	1.90±0.19	10.77	5.01±0.47
福云595	23.20±0.74	2.07±0.48	11.22	2.84±0.06
福建水仙	33.42±2.89	2.76±0.66	12.11	1.52±0.17
霞浦春波绿	32.69±0.41	4.08±0.06	8.01	5.98±0.03
霞浦元宵茶	17.47±0.89	2.48±0.22	7.03	7.88±038
九龙大白茶	21.24±0.99	2.79±0.09	7.62	6.95±0.41
坦洋菜茶	26.39±0.66	3.69±0.16	7.16	6.13±0.35
早春毫	23.48±1.12	2.62±0.21	8.97	9.55±0.31

资料来源：中国农业出版社《白茶品种与品质化学研究》。

白茶的保健功效

（1）抗突变、抗肿瘤。大量的研究证实，茶多酚不仅可抑制多种物理（辐射、高温等）、化学（致癌物）因素所诱导的突变，而且还能抑制癌组织的增生。

（2）杀菌和抗病毒。白茶中含有茶多酚、茶色素、茶皂素、芳香物质等功能性物质，都具有很强的杀菌、消炎、抗病毒作用。茶多酚对多种细菌、真菌有很强的抑制和杀伤作用。

（3）抗辐射。白茶中含有茶多酚、茶多糖、氨基酸、维生素C、B族维生素等防辐射物质，可直接参与清除辐射产物自由基，提高体内抗氧化酶活性，调节和增强细胞免疫功能，促进造血和免疫细胞增殖和生长，使辐射损伤组织得到恢复。

（4）降血糖。白茶在加工过程较好地保留了人体所需的活性酶，长期饮用能显著提高人体内脂蛋白脂肪酶水平，促进脂肪分解代谢，有效控制胰岛素分泌量，延缓葡萄糖的吸收，分解体内多余的糖分，促进血糖平衡。

（5）防治心脑血管疾病。白茶中的咖啡碱能促进冠状动脉的扩张，增加心肌的收缩力，增加心血输出量，改善血液循环，加快心跳。茶多酚能抗氧化、清除自由基、阻止机体受氧化；能抑制动脉硬化、抑制血小板凝集以防止血栓的形成；能

茶山黄芪子

品品香生态茶园基地

降血糖、降血压。白茶的黄酮类化合物在加工中较好地保留了槲皮素，具有明显的降低血管通透性的作用。茶氨酸可通过特定的氨基酸的输送系统被吸收到脑中。

（6）抗氧化、防衰老、增强免疫力。白茶中的茶多酚具有很强的抗氧化作用和清除自由基的功效。饮茶可增加人体的白细胞和淋巴细胞的数量，提高其活性，从而增强人体的免疫力。茶中的茶多酚和茶多糖可增强巨噬细胞的功能。茶多酚对溶血素有显著的抑制作用。茶多糖能使血清凝集素抗体数增加，从而增强抗体的免疫功能。

（7）抗过敏。白茶中的茶多酚（尤以酯型儿茶素为强）、咖啡碱、茶皂素等都具有抗过敏作用。

（8）保护肾功能。茶多酚抑制甲基胍产生，防止尿毒症，防止免疫过强和炎症反应，抑制细胞和机体脂质过氧化，从而能够抑制肾病的发生；茶多酚还可抗凝、抗血栓，改善血液流变学特性，从而可预防肾病进展。白茶中的咖啡碱也有利尿功能。

（9）保护肝脏。白茶中的茶多酚（黄酮类化合物）、茶氨酸等活性物质提高肝细胞抗氧化能力，保护肝细胞膜结构的完整及功能，达到拮抗 CCl_4 对肝细胞膜的损害作用。白茶中的咖啡碱对肝脏起保护作用，增强利尿，还有利于结石的排出。茶氨酸能降低腹腔脂肪，以及血液和肝脏中的脂肪及胆固醇浓度，有护肝、抗氧化等作用。

（10）美容。茶多酚通过抗氧化、抗衰老、抗菌、抗辐射、调节免疫等实现保健与美容作用。茶叶中的茶多糖、维生素、芳香物质等成分也有保健和美容作用。

福鼎白茶的功效研究

民国时期福鼎名士卓剑舟通过长期对白茶疗效进行观察和了解，在《太姥山全志》中对白毫银针有经典的论述："绿雪芽，今呼白毫，色香俱绝，而尤以鸿雪洞产者为最。性寒凉，功同犀角，为麻疹圣药。"性寒凉，比普通茶叶的性味更甚。

中国农科院林智教授对老白茶重点研究中首次发现了"老白茶酮"（EPSF）物质，该物质对于人体微血管内皮细胞损伤具有非常强的保护作用（抗心血管疾病功效），可抑制晚期糖基化终末产物的形成（抗糖尿病功效）。值得一提的是，"老白茶酮"与白茶年份呈线性相关，这意味着可以利用"老白茶酮"对白茶年份进行判别与鉴别。

浙江大学茶学系博士金恩惠论文《福鼎白茶与生物活性的研究》发现：福鼎白茶是天然酚类抗氧化剂的来源，具有较强的抗氧化能力及抗炎作用，对肺、肝纤维化预防、修复等具有一定的效果。

（二）中医养生话白茶

体质辨识

阳虚体质——怕冷

阴虚体质——怕热

痰湿体质——肥胖

湿热体质——长痘

气郁体质——郁闷

气虚体质——疲乏

血瘀体质——长斑

特禀体质——过敏

建议：个性化养生、科学化养生。

老白茶的功效

古医书中都提到"茶久食令人瘦，去人脂"，茶有减肥、去脂的功效。

老白茶的养生功能从"陈"与"老"观点分析，越陈越好——是有物质基础的（春茶原料、适制品种、精良工艺）老白茶——在自然状态下存放三年以上，从色、味、形、内质都呈现年份感。老白茶在中医处方中做药引。老白茶的珍贵不仅因其价格和功效，而是因为它承载了几千个日月的流转，那才是厚重的文化。老白茶积淀了时间的分量，凝聚了沧桑的变幻，茶汤中凝聚着一种神秘的气息和玄妙的滋味。

茶不是"药"，而是一种对人体有生理调节作用的功能性食品，通过饮茶提高人体对疾病的免疫性，可以起到预防疾病的作用。老白茶还含有人体所必需的活性酶，所以白茶存放时间越长，药用价值就越高。这是因为老白茶富含黄酮类天然物质。

通过对 1 年、6 年、18 年的白茶同时进行保健功效研究发现，随着白茶储藏年份的延长，陈年白茶在抗炎症、降血糖、修复酒精损伤和调理肠胃等功能方面比新产白茶具有更好的作用效果。老茶茶性温和，茶气足，可以帮助身体以排污的方式将湿气排出体外，因此饮老茶时要用大碗或大杯，且一定要热饮。

老白茶茶汤

老丛茶芽

什么是茶气

茶气是茶与人体的互动。每天下午 3—5 点申时，此时膀胱经最旺，是最适合喝茶养生的时段，有助于疏通经络。

误区 A：出汗（热触感）。喝热水也出汗。

正确：后背出汗，渗透、疏通。

误区 B：往后脑蹿。实则下不去。

正确：自上而下—沉入丹田—升腾—由内而外强烈的舒适感。

茶疗养生

诸药为各病之药，茶为万病之药。

茶疗是根植于中医药文化与茶文化基础之上的一种养生方式，真正意义上的茶疗是以中药原植物叶片，结合中药与茶叶炮制方法，制作成茶叶形态。

白茶素有"一年茶、三年药、七年宝"之美称，老白茶有清热解毒、消炎杀菌、滋阴润肺等功效。

（三）专家论证白茶的价值

国外对白茶的保健功用研究成果

美国科学家哈佛大学医学院的布科夫斯基博士研究得出，喝白茶能使人体血液免疫细胞的干扰素分泌量增加 5 倍。

美国纽约佩斯大学的米尔顿·斯奇芬伯博士的最新研究，白茶提取物能对导致葡萄球菌感染、链球菌感染、肺炎等的细菌生长具有抑制作用。

美国生化学家洛德克博士研究结论，白茶比其他茶类更具有抗癌物质，能不断抑制、缩小肝癌的肿块，提高免疫功能。

国内对白茶保健功用的研究成果

（1）1995年中国土产畜产福建茶叶进出口公司提供白茶白牡丹样品，福建省中医药研究院对福建白茶保健功能分别进行了实验，所获得的结果如下。

"白茶对 CIR 小鼠的抗脂质过氧化作用的分析"表明：白茶能非常显著降低肝、脑组织中的脂质过氧化物水平，有较好的抗氧化作用。

"白茶白牡丹对小鼠体重、耗粮和体脂的影响"推测：人类饮适当浓度白茶汤，有利于降体脂和减肥。

"白茶降低小鼠血清总胆固醇和甘油三酯的研究"结果表明：白茶汤能显著降低血清总胆固醇和甘油三酯而并不影响体重，尤其以 1% 浓度更佳，对防治高脂血症是有益的。

"白茶白牡丹对抗四氯化碳中毒对小鼠血清谷丙转氨酶活力影响的研究"表明：常饮白茶显著增加机体的保肝功能。

（2）福建农林大学中国白茶研究所袁弟顺博士的研究结果显示：白茶有良好的护肝作用，能显著降低四氯化碳损伤小鼠的转氨酶和丙二醛含量。

茶艺

高山云雾出好茶

（3）福建中医药研究院陈玉春研究员研究表明，白茶能显著提高试验小鼠血清促红素（EPO）水平，对细胞生成起关键作用，能延长细胞寿命，增加 RNA 和蛋白质合成。

（4）2011年，由湖南农业大学刘仲华教授牵头，整合国家植物功能成分利用工程技术研究中心、清华大学中药现代化研究中心、北京大学衰老医学研究中心、国家教育部茶学重点实验室和国家中医药管理局亚健康干预技术实验室等五大著名机构技术资源与科研团队，以福鼎白茶白毫银针、白牡丹为研究对象，历经一年多的时间，进行数十次严谨科学的解析论证，用科研成果证明了福鼎白茶具有显著的美容抗衰、消炎清火、降脂减肥、调降血糖、调控尿酸、保护肝脏、抵御病毒等保健养生功效。

2012年6月和8月，分别在北京国际茶业展和杭州举办的"福鼎白茶保健养生功效研究成果发布会"上，由刘仲华教授向与会者宣布了这项重要的科研成果，这是国家级权威科研机构对白茶保健功效的系统研究与成果发布。

（5）中国毒理学会食品毒理学专业委员会主任委员、中国疾病预防控制中心食品与营养研究所韩驰研究员在其完成的"饮茶对癌症、心血管疾病和糖尿病的预防作用"项目中提到：在福鼎白茶对心血管疾病的保护作用研究中，从体外试验、整体动物实验、人体试验三个层面进行了系统、深入的研究。

韩驰这些研究均达到国际先进水平。而且在此基础上进行了两项人群干预试验，结果显示饮用福鼎白茶具有降低患者的心血管疾病危险因素，降低血脂代谢异常人群的血清甘油三酯和总胆固醇水平，减缓血栓形成，减少 DNA 氧化损伤，降低脂质过氧化损伤的作用，从而有利于维护心血管系统的正常功能，降低心脑血管疾病的发生风险，这项研究填补国内外流行病学资料中白茶在心血管系统保护作用方面的空白。

在辅助降血糖方面，国内外的研究多数是动物试验，且多以茶提取物（如茶多糖和茶多酚）为研究对象，未见以茶水直接给予实验动物进行试验的。

韩驰的研究通过饮用茶水作为给予途径，与人体接触途径一致，从动物和人体试验两方面对福鼎白茶的辅助降血糖进行了研究。通过建立高血糖动物模型，证实福鼎白茶能够使高血糖动物的空腹血糖降低、糖耐量升高；通过人群干预试验，证实福鼎白茶能明显改善 2 型糖尿病患者的临床症状，降低空腹血糖及餐后 2 小时血糖，对患者胰岛素分泌有一定的促进作用。动物试验和人体试验均表明，白茶具有一定的辅助降血糖作用。这对进一步开展人群干预研究具有重要的意义。该研究成果获 2011 年度中华预防医学会科学技术奖二等奖。

政和大白母树开采

（6）在2010年百名记者话白茶福州品茗会上，茶界泰斗张天福大谈对白茶的钟情与喜爱以及喝白茶享健康的种种体会。他笑着说："有客人到我家里来喝茶，我都是泡十杯茶给他。十杯茶里头呢，第一杯就是白毫银针。"

（7）中茶院骆少君研究员曾一再呼吁重视发展白茶，她说："不仅美国，瑞典斯德哥尔摩医学研究中心的研究也表明，白茶杀菌和消除自由基作用很强。30年前我就极力推介白茶，今天更要大声呼吁。""白茶在福建茶区、华北地区都被作为具有清热解毒、消炎、解暑等功效的良药，所以古人云'功同犀角'。其实白茶的许多保健养生作用犹如野山参，还可以提高人体的免疫功能。储藏时间5—15年的白茶效果更好。其有效功能性成分，如黄酮、茶氨酸、茶多糖、茶碱的含量更高，香气独特，玫瑰花香尤其显露，所以古今中外有不少人喜欢收藏白茶。"

（8）在2010年百名记者话白茶福州品茗会上，茶叶老专家、福建省茶叶协会原秘书长陈金水拿出1982年在商业部举办的第一次全国名茶评审会上荣获"全国名茶"的白毫银针，这是一瓶已经保存30年的白毫银针，瓶中银针还是满披白毫、颗颗芽头肥壮，毫无变质。他回忆当年的情景时说道："晚清以来，北京同仁堂每年购50斤陈年白茶用以配药。在计划经济时代，国家每年都要向福建省茶叶部门调拨白茶给国家医药总公司做药引（配伍），配制成非常高级的药。"

（9）浙江大学茶学系王岳飞教授也持相同的观点，他说："白茶是一种微发酵茶，加工工艺自然，所以茶多酚相对损失较少，保留的有效成分比较多。茶叶能够抗辐射的主要成分就是茶多酚，福鼎白茶茶多酚含量比较高，每天喝2—3杯白茶就能起到抗辐射效果。"所以，2011年日本3·11大地震发生后，福鼎市政府与茶企紧急调拨一批福鼎白茶，通过国际特快专递寄往东京，把具有防辐射、抗辐射等保健功效的福鼎白茶，赠送给坚守在抗震救灾一线的我国驻日大使馆。我国驻日大使馆收到这批茶叶后，表示这是祖国人民在关键时刻的"雪中送炭"。

第二节　老白茶现代应用

（一）老白茶小常识

老白茶定义

根据福建省地方标准 DB35/T1633—2016《白茶冲泡与品鉴方法》，老白茶指白茶在避光、清洁、干燥、无异味条件下储存三年以上，存放过程中，茶叶外形色泽及内含物质自然变化、香气纯正、汤色逐渐变红、滋味醇和，叶底柔韧。

家庭储存

注意不要放冰箱（只有绿茶和铁观音才需要冰箱）。散茶建议用铁罐，饼茶建议用自封袋，如果多饼存放，建议最好买个铁桶（避光密封最好）。

如果想存茶：建议整件不开封，因为整件出厂都有三层包装，即铝膜、塑料和纸箱，只需离地离墙（用木板垫地面，不要靠墙）。

煮白茶的器皿

焖泡：保温杯随身带，搁点茶叶甜一天。

养生壶：朋友说按"保温"键，结果有事外出忘了关机，煮了一天还能喝吗？不能！因为全是茶碱。所以功能选择建议选"药膳"或"花茶"。

2010 年一级白牡丹

铁壶或铜壶：若不是极好的材质，建议只用来烧水，不宜煮茶，避免重金属释出。

玻璃壶：煮淋式带滤芯（建议用于煮黑茶或熟普，老白茶入药，当以中药方式茶与水一起煮）。

陶壶：分粗陶与细陶，我自己用的是台湾细陶壶，更有利于茶汤醇化。

煮茶攻略：茶饼撬好放在铁罐里随时取用。干茶用开水冲淋出汤为醒茶润茶，注入冷水半壶，开火煮茶，茶汤沸腾后关火，利用炉上余温再焖 5 分钟出汤。有些年份小的茶，第一汤煮出来可能有轻微的青味恰似荷叶香。那么建议用一个大号公道杯，混合第二壶煮的茶汤，这样的茶汤鲜甜细滑不浓涩。

有时茶汤煮出来感觉浓涩，建议用凉白开水 1∶1 比例稀释，这样不仅茶汤细滑甜糯，而且茶汤温度正好。品饮时尽量不宜过烫，舌头烫麻了自然就感受不到茶汤的美妙。

老白茶茶汤

电磁炉煮茶

（二）白茶冲泡方式

散茶银针和特级牡丹宜冲泡

先烫杯，投 5 克银针干茶，摇杯闻干茶香，有毫香、奶香、甜花果香。

90℃开水定点注水，10 秒出汤，滋味浓强饱满，毫香显，饮后喉间有丝丝冰糖甜（即为蜜韵）。而后每泡增加 3—5 秒出汤，滋味纯正鲜爽甘醇。

我冲泡时喜欢前三汤混合，再分汤与客人一起品赏，因为混合汤香气、滋味、饱满度都更加优秀。花香果甜的体验感更好。

散茶牡丹和寿眉可直接用 100℃开水冲泡，出汤时间依个人口味浓淡而定。

这里要普及一个常识，采摘越嫩或发酵度越轻的茶，就像少女越需要呵护，越要用低温冲泡，这样有利于低沸点芳香物质和鲜甜味氨基酸的释出。

寿眉贡眉宜煮

说到寿眉，第一反应就是叶梗多、叶片粗老，但这些也是寿眉、贡眉内含物丰富的原因所在。因为银针、白牡丹采摘时芽头占比多，叶片嫩且少，所以耐泡程度低于寿眉、贡眉。

茶梗中除了糖类物质，还储存了大量其他的物质成分，如果胶。其实寿眉在经过多年的转化后，其口感方面具有明显优势。同样是3年的老茶，寿眉的口感就比白牡丹丰富，最明显的区别就是在稠度方面，寿眉的稠度佳、醇滑感强。

经过时间的沉淀，老白茶中的咖啡碱、茶多酚含量趋平内敛，新叶的内含物转化成葡萄糖、氨基酸、果胶等物质，让老白茶的茶汤更加顺滑醇厚，回甘效果佳。而老白茶煮饮更能促发香气、加强口感层次。

饼茶：有些茶友喜欢先泡后煮，先品其真味再煮其醇韵。泡饼茶建议投茶量8克，先润茶后，定点注水坐杯15秒出汤，前三汤混合出汤，而后20秒坐杯出汤。饼茶可用壶泡或盖碗泡，茶汤较煮茶更加细滑，花蜜香更为显著。

不同冲泡方法白茶功效不同

（1）重品饮。最好淡喝，因为淡薄是白茶最本真的茶味，所以，此时最好浅泡白茶。

（2）重保健。最好用煮饮法，这是民间一直沿用的秘方：用冷水加15克老白茶（陈五年以上）煮3分钟成浓汁后滤出茶水，待凉到70℃添加一勺蜂蜜或冰糖趁热饮用，顿感体轻神宁，其中妙处自能体会，其口感神韵更是醇厚奇特。

白茶可焖可煮可泡。我们常说：不是你红颜易老，是你白茶喝得太少。白茶它不需要功夫泡法，在办公室就可以用保温杯焖泡。都说人到中年不得已，保温杯焖枸杞，我说人到中年要得意，保温杯焖白茶，越焖越有味啊。天气越来越冷了，中医说老白茶理心肺经，我们煮上一大壶，对抵抗雾霾、缓解肺部感染，都有非常好的抗菌消炎作用。

（三）老白茶茶疗方

基础茶疗方

老白茶3克，金银花1克，苍术1克，陈皮1克，芦根1克，桑叶1克，薄荷0.5克，生黄芪2克。

方法一：煮泡法。加500毫升水文火煮，取汤服用。第一煮10分钟，第二煮 15 分钟，第三煮 20 分钟。

方法二：热水瓶泡法。热水瓶放入沸水 1000 毫升，浸泡半小时即可饮用。

老白茶煮着喝

茶水比 1 : 100 左右。

出汤时不要把茶壶中的茶全部倒干净，要留下一部分的水，这种做法叫做"留根法"，留下的茶汤，也叫做母汤。煮后的白茶，丰富的内含物质如茶多酚、茶氨酸、茶多糖、茶黄素、咖啡碱等有益成分充分析出。

老白茶 + 陈皮

取老白茶 8 克、陈皮 4 克（按茶与陈皮 2 : 1 的比例，更好地融合二者），冷水煮开静置 5 秒出汤，留些汤加水后进行第二次煮。

白茶与陈皮的汤水融合，生津止渴，兼具养生功效，秋冬饮用，可润肺化痰、理气健脾。两者搭配，不仅具陈醇茶香，又有清新陈皮香气，沁人心脾，入口细腻滑爽，回味甘甜。

品茗

用壶煮饮效果更好、味也更醇，饮之口齿生津，可抗菌消炎、祛风寒，增强免疫力。其保健功效十分显著，堪称日常饮用的佳品。

老白茶 + 红枣

取 5 克老白茶，加 3 颗红枣，投入滤茶包，沸水洗茶后备用。水加七分满，等水快开时投滤茶包，大火烧开后转中小火慢煮，第一壶煮 4 分钟左右即可出汤。第二壶适当延长煮茶时间，6 分钟左右即可，第三壶延长到 8 分钟左右出汤。

红枣老白茶具有如下养生功效。

（1）防治感冒：如果在冬天受了风寒，喝一杯老白茶红枣汤，几分钟即可感觉微微出汗。记住一定趁热喝。

（2）手脚冰凉：有些人容易手脚冰凉，需要用暖手宝。其实每天早晨一碗老白茶红枣汤，能暖和一整天，让你不再受手脚冰凉之苦。

（3）风寒咳嗽：老白茶能滋阴润燥，对风寒咳嗽有很好的效果，加上红枣不仅能驱走风寒、止咳化痰，还可以滋阴润肺，改善无痰干咳症状。

（4）暖胃止泻：喝老白茶可以止泻，配上红枣还可以起到温暖肠道、止泻润肠的作用，对冬季引起的久泻久痢有很好的改善作用。

（5）脸上有斑：老白茶红枣汤能抑制面部黑色素沉淀，常喝能起到去皱抗衰的作用。

（6）咽喉发炎：冬季感冒很容易咽喉发炎，老白茶红枣汤不仅可以缓解咽喉不适，消除咽喉炎症，还能够起到平喘化痰的作用。

（四）为什么香港人都爱喝白茶寿眉

在中国内地，两人见面头一句问候大多是："你吃饭了没？"

这句话在香港的版本是："饮佐茶未？"也就是"你饮茶了没有？"

多日不见的朋友相遇，闲聊几句后，也会来一句"第日饮茶"，意思是改天聚一聚，喝喝茶。几乎所有场景都可以用这句话，男女约会，商人谈生意，街坊邻居聚会，饮茶是传统又体面的交际方式，也是生活方式。

寿眉干茶

早期香港贫瘠，人们谋生困难，流落到这个殖民地，却割不断与故土的联系。生存的艰难与割裂的痛苦，人们需要一种介质来缓解精神压力，寻求内心认同。饮茶成为这一介质。

香港人的饮茶习惯，来自老广州的商业文化。清代中期起，广州成为珠三角政治经济中心，一些从事贸易的商人创造出早晚两顿正餐之外，用作休闲和商务洽谈的"饮茶"活动。

香港鳞次栉比的摩天楼下面，有不少老茶楼老茶庄，里面有不少是喝茶看报听粤剧的老年人，他们神情自若，不紧不慢呷着"早茶"。富商、明星、高级白领，有能力在下午三四点，到文华、东方、半岛酒店这样高档的地方享用下午茶。

许多香港人的童年是和长辈上茶楼开始的。香港地少人多，聚会最好的去处是茶楼与高级一点的茶餐厅。闹哄哄的氛围里，人们纷纷坐下，由辈分最高的老人翻菜牌，决定饮用的是普洱、香片、龙井、水仙，还是寿眉。香港的茶楼茶餐厅，无论档次高低，一半以上都会供应白茶。

香港天气湿热，白茶能清热消炎解暑，在白茶内销为零的时代，香港是主要的白茶销售区，许多人特别爱喝白茶。寿眉的名字据说是广东人先叫起来的，因为寿眉叶子上带着茸茸白毛，有点像老寿星的眉毛。

香港人习惯喝白茶，比较传统的老人也会存一些白茶，因为白茶久存确有药用功效。有条件的人家或者老茶庄，会收藏一些白茶。

一百多年的岁月，弹指一挥间。到现在，白茶依旧出现在香港的茶楼、茶室、茶餐厅等各个空间。这片具有消脂消炎、清热解毒的树叶，在风诡云谲的百年历史中，成为人们温润暖心的精神寄托。香港人饮茶态度非常现实，"吃得咸鱼忍得住口渴"。人生就是人与命运拼搏的历程，与其怨天尤人，不如将所有辛苦与

出汤美

忍耐，泡开成一壶浓酽的白茶汤。

白茶的魅力也正在于其原始而自然的淡香清韵。其味道需要静心细品才能感受，而一旦感受到它的神韵，则难以忘怀。寿眉老白茶颜色较深、香气较浓，但相比其他茶，还是显得更加内敛。收藏、品饮不同年份的白茶，能感受到味道的差别，体会到时光的流动。

福鼎白茶是最原始、最自然、最健康的茶类珍品。中医药理证明，白茶清凉、消热降火、消暑解毒，还有三抗（抗辐射、抗氧化、抗肿瘤）三降（降血压、降血脂、降血糖）之保健功效，同时还有养心、养肝、养目、养神、养气、养颜的养生功效。

就这样，饮茶去，吃茶去。

（五）常饮白茶，润肺御霾

一个成年人每天大概要呼吸 2.5 万次，在雾霾天气，我们的每一口呼吸，里面都含有一定浓度的 PM2.5。尤其是在户外运动时，因为呼吸加快，吸进的雾霾将更多。雾霾俨然已经成了会呼吸的痛。

雾霾最伤哪些器官？主要集中在呼吸系统和心血管方面。呼吸系统与外界环境接触最频繁，数百种大气颗粒物能直接进入并黏附在人体呼吸道和肺叶中，其中以 PM2.5 杀伤力最强，虽然它的大小只有头发丝粗细的 1/20，却能吸附铅、锰、镉、锑、锶、多环芳烃等多种有害物，深入人体肺泡并沉积，给呼吸系统乃至全身带来伤害。

"白色润肺"。根据传统中医理论,白茶是可以入药的,对其功效有"功同犀角"的描述。福鼎人民一直有用白茶治疗咳嗽、感冒、小儿麻疹等疾病的习惯,并有"一年为茶,三年入药,七年成宝"之说。现代医学也证明白茶具有杀菌、消炎、清热、解毒等药效。白茶是我国特有的茶,在六大茶类中属微发酵茶,色属白,性清凉,消热、降火、解毒,是入肺经的好饮品。

常饮白茶对肺部的保护功效

雾霾中的细颗粒物进入人体肺泡后,直接影响肺的通气功能。长期处于PM2.5污染的环境下,雾霾中的细颗粒物能影响肺泡中的巨噬细胞的吞噬功能及寿命,使其抗氧化能力减弱,诱导巨噬细胞产生炎症因子。

白茶能抵御雾霾对肺部的损伤。

(1)白茶"性寒凉,功同犀角",清除人体上焦火,尤其入肺经,润肺效果显著。

(2)白茶抗氧化成分含量高,能有效中和游离基,被认为是自然界中的强力抗氧化植物,有效提升人体抗氧化能力。

袋泡白茶

泡一壶老白茶 / 李隆智摄

（3）米尔顿·斯奇芬伯博士的研究表明，茶对链球菌生长具有抑制作用，有效预防链球菌性咽炎；能有效预防肺炎。由于严重的雾霾天气，很多人的肺部受到了很大的伤害。每天喝点白茶，不仅可以护肺，还能够清除体内沉积的毒素。

白茶提取物对纳米 SiO_2 诱导的大鼠肺纤维化的抑制作用

硅肺是吸入 SiO_2 粉尘引起的以肺间质纤维化为主的全身性疾病。2020 年，朴秀美等人探讨了白茶提取物对纳米 SiO_2 诱导大鼠肺纤维化的抑制作用及机制。54 只 Wistar 大鼠随机分为正常组、模型组、白毫银针提取物组、白牡丹提取物高和低剂量组、EGCG 组共 6 个组，每组 9 只大鼠。除正常组外的其余 5 个组采用非暴露式气管插管方法造模纳米 SiO_2 粉尘（80 毫克 / 毫升），每天以灌胃方式给予药物两周之后，检测肺组织中羟脯氨酸（HYP）、氧化亚氮（NO）、超氧化物歧化酶（SOD）、丙二醛（MDA）和谷胱甘肽过氧化物酶（GSH-Px）含量以及肺组织形态学变化。结果显示，与模型组相比，白茶提取物各处理组及 EGCG 组病理形态改变有不同程度的减轻，其中白毫银针提取物组的效果最佳。白茶提取物各处理组与 EGCG 组的大鼠肺 NO 含量和炎症因子 IL-6 都显著低于模型组，GSH-Px 活力显著高于模型组，高剂量白牡丹提取物对降低 NO 含量和升高 GSH-Px 活力效果最好。

研究表明，白茶提取物对于纳米 SiO_2 引起的大鼠肺纤维化氧化应激损伤具有有效的减缓和修复作用，主要与其抗氧化作用和抑制炎症反应相关。

第四章 白茶审评

第一节 白茶审评标准

白茶是我国特有的品类，主产于福鼎、政和、松溪、建阳等地，台湾也有少量生产。

福鼎白茶：以福鼎大白、福鼎大毫为主要品种采制而成，这里主产区有磻溪、管阳、点头、白琳等乡镇。其主要特征是毫香显。

政和白茶：以政和大白、政和大毫为主要品种，这里海拔平均800米，以高山生态茶为主，其特点是味醇。

建阳白茶：以菜茶为主的叫小白茶，其游离氨基酸含量最高，鲜醇甘爽。采自水仙嫩梢的叫水仙白，也是历史名茶，茶香味醇。

2016 年特级白牡丹

2017 年一级白牡丹

2020 年一级白毫银针   2021 年特级白毫银针

（一）白茶品质等级

嫩度：上品——毫多而肥壮、叶张肥嫩；中等——毫芽瘦小而稀少；次品——叶张老嫩不匀或杂有老叶、蜡叶。

色泽：毫色银白有光泽、叶面灰绿、叶背银白色，或者是叶面墨绿、翠绿为上品；铁板色较次；草绿黄、黑红色及蜡质光泽的品质最差。

叶态：叶子平伏舒展、叶缘垂卷、叶面有隆起波纹、芽叶连杆稍微并拢、叶尖上翘不断碎的品质最优；叶面摊开、弯曲的品质较次。

净度：不得含有老梗、老叶及蜡叶、杂质。

香气：毫香浓显、清鲜纯正为上品；有淡薄、青臭、失鲜、发酵感的为次品。

滋味：以鲜爽、醇厚、清甜为上品；轻涩、淡薄为差。

汤色：杏黄、杏绿、清澈明亮为上品；泛红暗浑的为差。

叶底：匀整、肥软、毫芽壮多、叶色鲜亮为上品；硬挺、破碎、暗杂、花红、黄张、焦叶红边的为差。

外形评审

作者在评茶

新芽

（二）白茶之色味

白茶的外形色泽与内质香味密切相关。为帮助茶人们加强对白茶色泽与香味的认识，特作对应解说，仅供参考。

绿润、嫩绿：绿色鲜活带有光泽，开水冲泡，青香四溢，渐渐透出一股淡淡的花香，滋味甘甜鲜爽。

灰绿：绿色鲜活，银芽绿叶，绿面白底，绒毛呈灰绿色，毫香浓显，清鲜甘醇。

深绿、墨绿：色绿较浓有光泽，冲泡后叶张呈嫩绿色，香气纯正，嫩香显，滋味醇厚甘爽。

暗绿：绿而暗淡，无光泽。鲜叶萎凋时不通风，萎凋时间过长。冲泡后香气沉闷，滋味醇厚欠鲜爽。

草绿：叶张呈浅绿色，叶张薄且轻飘。鲜叶失水过快，开汤冲泡后呈青草味，水淡而薄。

青绿褐：青绿褐色且无光泽。前期萎凋叶堆积或温湿度较高，红褐夹带发青的绿叶，茶冲泡后有青臭夹带酵味，水浊。

红褐：茶叶呈红褐色。鲜叶损伤或在高温高湿条件下萎凋，开汤后香味酵感明显，叶底发红。

暗红：红而发暗，无光泽。阴雨低温高湿条件下萎凋，萎凋时间过长，茶叶开始变质。

（吴麟）

（三）新白茶与老白茶区别

干茶：新茶茶叶呈褐色或灰绿色且满布白毫，尤其清明前后采摘的一定会带着毫香、清甜。老白茶散茶与饼茶，整体呈褐色有些许白毫，闻到阵阵陈年的幽香。

茶汤：新茶滋味鲜爽、口感较为清淡，且有茶青味、清新宜人。老白茶茶汤颜色深，呈琥珀色，香气清幽，有淡淡中药味，口感醇厚清甜。

耐泡度：老白茶可泡20余泡，还可以煮着喝。

2020 年新制茶品　　　　　　　　2014 年三级白牡丹饼

药理功效：年份越久，茶味越醇厚香浓，药用价值越高，极具收藏价值。随着年份增长，内部成分缓慢地发生着变化，多酚类物质不断氧化，转化为更高含量的黄酮、茶氨酸和咖啡碱等成分。

年份越久，香气成分逐渐挥发，汤色逐渐变红，滋味变得醇和，茶性也逐渐由凉转温。

（四）审评常见误区

苦：内含物质不够，萎凋不到位，叶张太绿表现出苦感，这样的茶往往没有耐泡度。

涩：是表现在舌尖表面，还是整个口腔？

如果只是在舌尖表面，需要判断自己是否最近舌苔很厚、睡眠不好、上火而导致喝茶感到涩。这时的茶，你喝到后面会感觉到甜顺，那就不是茶的问题。如果是整个口腔都涩，像吃了生柿子般，喉咙难以下咽，那就是茶的问题了。

那为什么在市面上喝到的一些白茶会觉得苦涩青麻？如何辨别做旧茶？

通过泼水渥堆高火焙出来的做旧茶，茶汤很硬，冷汤味苦发酸，叶底有臭脚丫味，而且滋味淡薄不耐泡。

而年份转化出来的白茶，口感是越喝越甜。那是因为茶叶梗里的茶多糖物质，随着年份增加，它会慢慢转化出可溶于水的单糖成分，所以茶汤越来越顺甜。

（五）白茶青味与涩感

每年清新淡雅、醇厚甘爽的新白茶上市，吸引许多白茶爱好者争相品尝。品尝新上市的白茶，哪怕是上好的白茶，香气中会有一股淡淡的青味，口腔感觉有一丝丝的涩感。

面对白茶中的这种青味与涩感，许多白茶爱好者提出质疑：能不能消除白茶青涩感？不少茶人也试图通过各种手段除去青味与涩感，然而事与愿违，青涩味未除，白茶的鲜爽度却丧失了。

实际上，当年的新白茶中略带青香和少许涩感，是一种正常现象。白茶的这种青香，不同于青气，当开水冲泡时，青香溢出，会透出悠悠的花香，往往这种花香会落于水中，滋味鲜醇甘爽，两颊生香。少许涩感会让茶汤的口感变得更加丰富。这种涩感会随着白茶储存时间的推移慢慢地转化消失，滋味变得更加醇厚甘爽。

白茶萎凋是一个缓慢的生化转化过程。在白茶的生产实践中，鲜叶萎凋时间过短，白茶青气过重对白茶香气与口感都会产生不良的影

白毫银针茶汤 / 李隆智摄

白牡丹茶汤 / 李隆智摄

审评用天平

建阳小白干茶

白茶鲜叶

菜茶花青素

响。适当延长鲜叶的萎凋时间、茶叶下筛后适当堆积，有助于茶叶内含物进一步转化和积累，减少白茶中存在的青气和涩感。

在品饮新上市白茶时，要正确区分白茶的青香与不良青味。白茶在萎凋过程中，受不同因素影响，产生各种不同的青味。如在鲜叶萎凋过程中失水过快，萎凋叶呈草绿色，叶张薄摊，冲泡时就有一股青草味，滋味青薄；有的呈死灰绿色无光泽，内质往往青气重；当鲜叶萎凋过程中出现高温高湿，容易产生青臭味等。

（吴麟）

（六）福鼎白茶与政和白茶区别

福鼎白茶、政和白茶究竟哪个好喝，有什么区别？说真的，这个问题比较难回答。思考了很久，查阅了很多资料，笔者总结出福鼎白茶与政和白茶在以下几个方面的区别。

茶树品种

福鼎白毫银针主要以福鼎大白茶和福鼎大毫茶为主，其特点是茸毛特多，氨基酸含量约 4.3%，茶多酚含量 16.2%，儿茶素 11.4%，咖啡碱 4.4%。加工工艺为自然萎凋或弱阳光轻晒，八九成干时用30—40℃文火烘到足干。产品茶芽茸毛厚，色泽白，富光泽，茶汤浅杏黄色，味清鲜爽口。

政和白毫银针以政和大白茶或福安大白茶为主，其特点是茸毛多，氨基酸含量约2.4%，茶多酚含量24.9%，儿茶素12.1%，咖啡碱4%。烘干时的火温比福鼎略高，温度一般在40—50℃，制作而成的白茶白毫密披，香气清鲜，滋味甘醇。

福鼎大白茶的氨基酸含量约是政和大白茶的2倍。氨基酸是组成茶叶味道的重要物质之一，大多具有鲜爽甜的特点，茶叶当中氨基酸含量较高，口感就会表现出鲜、爽、甜的特点。

福鼎大毫茶：中大叶种，味醇厚，汤水细甜，氨基酸含量高，最宜制白茶。

福鼎大白茶：茸毛毫量高，汤水滑甜。采制银针以芽洁白肥壮、茸毛多最为特色。

福安大白茶：茸毛密度高，存放后显毫，芽洁白，味浓烈。

采茶忙 / 广福林供

　　政和大白茶：存放后茸毛灰暗，含水量高对工艺要求也高。由于含儿茶素、单宁成分高，制白茶以芽肥壮、味鲜、香清、汤厚最为特色。

生长环境

　　福鼎位于福建省东北部，东南濒东海，平均海拔 600 米左右，年平均气温 18.4℃，年平均日照时数 1621.7 小时。

　　政和位于福建省北部，与浙江省南部相邻，主要是丘陵地貌，平均海拔 800 米左右，年平均气温 16℃，年平均日照时数 1907 小时。

加工工艺

　　说到工艺，就要分传统工艺和新工艺两个方面了。

摊晒

福鼎新梢　　　　　　　　　　　　　政和大白节间更长

　　就传统工艺来说，两地的制作步骤基本上都是采青、萎凋、烘干，区别大的
地方就是在萎凋这个步骤了。

　　福鼎白茶主要是日光萎凋，简单来说就一个字"晒"，晒至八九成干时，再
用焙笼烘干。这种制作工艺与天气有很大的关系，晴爽天气时，当天就可以晒至
八九成干；如果天气潮湿，一天只能晒至六七成干时，第二天还要继续晒，直至
晒到八九成干，然后再烘干。

　　政和白茶主要是将茶芽摊放在阴凉通风处，或微弱日光下萎凋至七八成干，
再放置烈日下晒至全干。

　　新工艺白茶是福鼎为了适应香港地区的消费要求，于 1968 年研制的创新名
茶，在加工过程中茶青萎凋后经过轻度揉捻，氧化过程中产生了少量茶黄素、
茶红素和茶褐素，成品茶兼具白茶的甘鲜和红茶的甜醇，口感好，深受香港茶
人的欢迎。

第二节　白茶审评范例

（一）不同产区白茶审评

茶叶点评网举办了一次品鉴会，正如预告里所说的，这是我们跑遍了政和、福鼎收集来的样品，甚至还有福安的茶友友情提供的好茶。

第一轮

001：这是今年的有机牡丹。随着消费者对安全健康问题的日益关注，茶农茶厂也以自己家有一片有机茶园为荣了。这款有机茶入口比较清甜，另外，外形芽叶连枝，毫心较肥壮，汤色金黄清澈，总评还是很不错的，但也带点青味。

大众评茶活动

002：此茶回甘较好，香气清鲜，滋味醇和爽口。不过毕竟等级不高，芽头较少。

003：芽头最为肥壮。这是产自福安的茶叶，毫毛密布，外观上就很不错，滋味上也丝毫不比福鼎的差，同样清甜可口。

004：来自政和。水感干净回甘，外形芽叶连枝，灰绿色，芽头较肥，汤色浅黄清亮，叶底绿黄。

005：与004号来自同一家，差别不大，但外形色泽更偏向翠绿，滋味回甘稍弱。另外，有烟味。

白茶审评

第二轮

006：本轮唯一福鼎的茶，居然没人猜对。等级为贡眉，且是荒野茶，所以在口感的清甜度上很不错，嫩香也好。

007：牡丹级，汤色较深，接近橙黄了，应是发酵度比其余4款重一点。口感上，也会稍显粗涩。

008：高级牡丹。这一泡就比较正常，但没什么缺点也没有优点，是比较无聊的一泡。

009：这一泡就比较好，水香味浓，较纯正。干茶较灰绿，叶底梗红，可能是晒的时候造成的。

010：这一泡也是来自政和，但干茶翠绿，香气清鲜有毫香。口感鲜爽，清甜回甘。芽叶连枝多白毫，且毫心较肥壮。

第三轮

011：这一轮是老茶。这一泡是2014年白牡丹，产自政和。这款当初原料工艺都很好的茶品，因为保管不当有跑气串味。所以说藏茶有风险。

012：同样是2014年白牡丹，同样也是政和的，但比起上一个，这款更为醇甜。入口之后，甜味在口腔停留的时间更久。

013：这一轮唯一福鼎的茶。2013年白牡丹，已经转化出了明显的陈味，但很干净，茶味很足，总体保存很好。滋味较醇爽，汤色较深。

014：政和2013年高级牡丹。汤色略浅于上一款。叶底偏黄，水里有香，且香气带点毫香。

015：2014年的牡丹王，是本轮等级最高的。芽头肥壮，滋味醇和、较回甘。但与005号一样带点烟味。也有人跟我说，政和白茶带点烟味是一种特色。

（二）不同年份白茶审评

白茶虽然历史悠久，但是白茶的流行也就是最近10年的时间，如今市场上真正的陈期在10年以上的白茶，大部分都是当年没有卖出去的。

既然如此，如今市场怎么会有那么多老白茶？可以肯定地说，市场上有部分老白茶是做旧的茶。

那么该如何辨别老白茶？什么样的白茶适合收藏？带着这两个问题，我们展开了对不同年份白茶的审评。

1号：2018年寿眉   3号：2018年白牡丹

6号：2019年头采银针　　　　　　　　　9号：政和2015年白牡丹

5年以内的白茶

1号：2018年寿眉。叶底生绿硬挺，晒红变居多。所以请不要相信全日晒，高温下酶已晒死，还有什么可转化呢？

2号：2018年白牡丹。滋味寡淡，无茶味无茶香。白茶制作工艺可不是那么简单，萎凋不到位的茶喝起来很无聊的。

3号：2018年白牡丹。乌龙茶青叶制成，虽高香但味苦涩。重点是这香气不是本身的工艺香，两年后香气弱化了滋味还会变薄。不是所有的茶树品种都适合做白茶，记住有个专业术语叫"品种适制性"。

4号：2017年寿眉。味杂不正。这里头学问可大了，做一泡很纯正的茶（香气纯滋味纯）真心不易，做出味很杂的茶倒是比较简单。

5号：2014年白牡丹。干茶有湿仓过发酵的酒味，5分钟审评泡出烟味，可能是烘干时拉锅了。

6号：2019年头采银针。这有股新茶的青味，但其实是鲜爽度，因为它带有花香，滋味甜顺呈冰糖甜。看汤色好似白水观音，这泡茶萎凋48小时以上，工艺良好。

7号：2016年白牡丹。火功高，甜度不够味粗涩，萎凋不足带青味，尾水轻麻，叶底偏黄绿。

8号：2016年寿眉。叶张梗较多，有红变，轻泡感觉水很好很柔，而事实上审评泡有酵味。过发酵的茶水都柔顺，关键看有无花香。而所谓熟果香多是酵味与焖味的结合体。

9号：政和2015年白牡丹。甜度不错，头春原料，当初焙火温度过高，叶片毛孔闭合，阻止物质后转化，所以存久后耐泡度不够。

10号：2015年政和白茶。有焖味、酸味，汤色浑浊红浓，这是制作环境通风不好，而后干燥火功又太高，导致汤感粗涩。

11号：2017年白露茶。干茶色泽均匀，一看就是萎凋槽制作。花香冒在面上，香不落水，味寡淡，停留在舌苔上的茶碱多。这样的茶可供后转化的内含物较少，不建议存。

这里要说明一下：白茶滋味浓厚的收敛性跟工艺不好的茶碱味涩感区别在于，茶碱的涩感表现在喉间卡住难以下咽，嘴里像吃了生柿子，茶汤苦尾；而原料等级高的味浓厚，表现为第五泡后茶汤清甜，生津回甘，喉间不断涌口水、舌底鸣泉。

10年以上的老白茶

（1）80年代散茶

不要被年代迷惑，我们看茶首先看工艺。这号茶干茶蜜香枣香（怀疑是过发酵带来的假象），芽毫显，枝条灰暗。审评泡水不够细软，冷汤显酸涩，叶底冷嗅有焖馊味。第二泡5分钟已出茶碱味而无茶味，只能说明这号茶的年代有待考证。

尾水轻麻，干茶硬挺，茶汤不够细软，叶底还有新茶的鲜爽味。（这可能是2015年左右的白茶做旧而成。这款茶原料、工艺不错，因而有荷叶香，为了保留这个茶香不敢用高焙火。泼上热水轻渥堆，轻微做旧，冷汤出酸涩感。

1995年老白茶

20 世纪 80 年代，白茶还是统销统购，对成品茶等级要求更高，因此现存的茶应该滋味、口感转化更加好。

（2）1995 年老白茶

外形：茶饼发黑，明显高火烧焦断碎。

香气：明显的朽木味（似药香），冷嗅淡淡的霉腐味。

滋味：冷汤明显焦苦味，第二泡 5 分钟审评出汤味寡淡，落差大。

叶底：断碎焦条多，不匀整。

汤色：浓浊不清不透。

工艺：与我们教学样 2003 年白牡丹饼比较，原料等级较差，茶为秋茶所以味薄。这种茶不排除反复泼水高温烘干做旧的可能，故而有着要烂不烂的微微霉腐味。

（3）1996 年老白茶（贡眉）

外形：毫多，但叶张粗老。

香气：有毫香嫩香、枣香。

滋味：醇甜，味不够饱满。

汤色：浅褐色，透亮。

叶底：叶张挺硬，伴有叶色鲜嫩的新叶，还有高焙火的蛤蟆背。

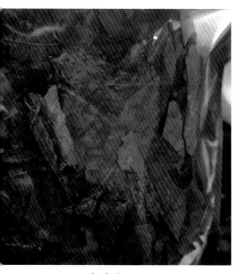

2003 年黄片

工艺：老茶新茶掺杂，新老拼配，做旧不均。

审评泡叶底叶梗都很肿胀，茶汤还带鲜爽的花香，很可能是后期微湿发酵微微渥堆导致。

（4）2002 年 ×× 圆梦

饼干块的干茶表面就长毛有霉味，这是明显的泼水做旧茶，审评冷嗅叶底一股臭脚丫味，十分吓人。

（5）2003 年黄片

外形：叶片粗老，形似枯叶；色泽浅黄，多为黄片（筛分的次等品），现在市场取名"黄金叶"。

汤色：浅杏色。

2009 年白牡丹散茶

香气：淡淡的青气，煮茶有棕叶香（枯枝大叶果胶纤维多，所以有棕叶香）。

滋味：淡薄，煮饮虽甜但味不够醇厚。

工艺：十几年的茶不该有青气啊。黄片本身就没有多少内含物，故味淡薄。

（6）2009 年白牡丹散茶

干茶：毫叶微卷，是萎凋过程有轻抖筛所致。而传统工艺要求萎凋过程不碰青叶，最大程度保护青叶。

香气：有毫香，微酸感（似新工艺轻揉）。

汤色：橙黄微显浑浊。

滋味：焖味明显，无鲜灵度，茶汤不够鲜爽。

叶底：色泽暗沉，叶张无活力。

工艺：堆青过程不通风造成焖味，活性酶受到破坏，不利于后转化。

（三）不同等级白茶审评

2019 年银针①

干茶：是头春头采的米针，群体种，芽头短小肥壮，茸毛多。干茶色泽光亮，从干茶看工艺很好。

汤色：杏黄透亮。

滋味：茶汤青花香，有浓度，带鲜爽度嫩甜味。

叶底：色泽一致性好，可以看出萎凋走水很均匀；采用低温干燥，才能叶底软亮绵柔有弹性；叶底打开看还是四苞叶嫩度等级最高的。青叶质量高，耐泡度和茶味才能好，可供转化的物质多，才值得存放。

2019 年银针①　　　　　　2019 年银针②　　　　　　2019 年银针③

2019 年银针②

干茶：看鱼叶只能算特级牡丹等级；看茸毛不太鲜亮，应该是小菜茶小叶种；芽头瘦小茸毛少，可能是早期做绿茶的品种。

汤色：透亮度差点呈微红，萎凋发酵度高了。

叶底：色泽暗淡且硬挺、不够柔软。

2019 年银针③

干茶：从茸毛看是福安大白或政和大白品种的春茶料，芽头脚很长，色泽灰暗。

滋味：茶汤发酸带有烟味，花香不够清纯，不鲜爽，有馊水味、焖味。

汤色：比陈茶色泽还深沉。

2014 年荒野银针

叶底：硬挺，从失水程度看梗还很肿胀。

2014 年荒野银针

汤色：陈茶汤色都会有点偏红。

滋味：茶汤入口细软但咽入喉有茶碱的涩感，滋味很硬，口感偏薄不够饱满。

叶底：软亮且色泽均匀。

2014 年银针①

陈年米针

2013 年银针

2014 年银针①

干茶：色泽鲜活，还有部分头采苞叶的芽头，说明是春茶中拼堆不同生产日期的茶。

汤色：透亮，有着有机茶特有的豆浆香、嫩板栗香。

叶底：呈浅米黄色。

评茶要先看工艺好不好，再看青叶质量。不要以银针还是牡丹等级来植入认知。

陈年米针

跟第一款茶采摘标准是一样的，但却是做旧茶的典型代表。

干茶：听摇杯声响清脆，这是高火造成的。真正的陈茶经氧化后摇杯声会更绵长。干茶色泽灰红死沉，很可能是高火高温焙造成的，也可能是原来绿茶工艺有炒青带来的死沉色。

滋味：茶汤有稠度，温度在 60℃入口有陈味，茶汤清点度清甜度严重不足，入口舌苔表层会麻，茶味不够细软，说明内含物稀薄。

叶底：这是利用干茶外形做旧达到年份感，叶底硬挺无弹性。

2013 年银针

干茶：色泽光泽度不够，干茶硬挺，火焙偏高。

汤色：茶汤欠透亮。

滋味：泛酸、味薄，浓度不够。

叶底：嗅之有焖味，不鲜爽。叶底色泽

绿的绿、黄的黄，有做旧感。

2014年银针②

干茶：包括鱼叶色泽都不错，茸毛雪白带点灰红，是最后一道烘干时火偏高。

汤色：较深。

滋味：茶汤入口细软又带点粗涩感，是耐泡度内含物不足时茶碱释出的味道。

叶底：尚软亮。

2014年银针②

2018年荒野牡丹王

干茶：有股火味，与下一款茶对比，干茶色泽浅米黄带橘红色。

滋味：茶汤有焖味、酵味；微粗涩，舌面紧，有火燥感、火涩味。

叶底：略硬挺。

2019年荒野牡丹

酸感酵感。原来制作时鲜叶不鲜爽，湿焖，空气湿度高，造成可转化物质少，第二泡5分钟审评味变薄，且叶底无花香。因此，不要看荒野二字就觉得茶好喝。

2018年荒野牡丹王

十年陈政和牡丹

干茶：从茸毛看属福安大白或政和大白品种，跟福鼎大白品种对比，茸毛色泽会随年份变灰暗灰红。说是十年陈，干茶梗极易断碎，不像自然转化的茶有藕断丝连般纤维

十年陈政和牡丹

2010 年寿眉饼

2013 年贡眉饼

2014 年牡丹饼

感，这是高焙火做旧的结果。

汤色：茶汤也是高火功的红艳感。

滋味：这种茶煮茶会有欺骗性的米汤味，而实质上冷汤是苦涩酸麻五味杂陈，还有股湿仓的霉味。

叶底：茶梗焦条炭化。

2010 年寿眉饼

干茶像扫大街的枯树叶。色泽偏红艳，茶味没甜感。不像是 2010 年的原料，叶底梗较粗老，像是夏暑茶原料。

2013 年贡眉饼

茶味虽淡但带酸感，这可能是过发酵的红茶味；叶底软塌塌的，是雨水青萎凋过程湿焖后的死沉色；叶张还有高焙火的蛤蟆背。这种茶只会越存味越薄。

2014 年牡丹饼

饼面干茶色泽青绿；入口舌面有茶碱的紧涩感，叶底墨绿，这可能是雨水青用萎凋槽焖出来的。叶张薄，像是二春三春茶原料，没有可转化的内含物。

对消费者来说，花同样的钱当然要买到越喝越甘甜的茶品。这里分析几个常见口感误区：

（1）浓度：把萎凋不到位的鲜爽味、带青气的青麻青涩当做浓度高。

（2）花香：是青味？还是带有鲜爽愉悦的清花香？

（3）火味：火香不构成浓度与耐泡度。

（4）味厚：茶碱在舌苔表面的青涩味。

（四）线上评茶

每天好多茶友添加评姐微信，发来茶图远程问诊，评姐觉得有必要把其中的共性知识拿出来做分享。

一号茶：2018 年银针

评姐：2018 年的茶色泽青绿，自然转化应该是浅米黄，这款萎凋失水不到位，坐杯冷汤是青涩青麻还带青草气的。并且这个芽头短，茸毛疏松，可能是原来做绿茶的品种福云六号，审评时滋味寡淡没有浓强度。

茶友：就是有青草味，花香还是很不错的。茶汤很甜，用 92℃的水温泡的。

评姐：你那是青草味，不是花香，是萎凋不到位的青味和烘干的火味相结合产生的香气。这种香气等到鲜爽度退去就什么都没有了。什么叫花香，那必须是带甜度感的才叫甜花香。

你用 90℃的水温泡当然觉得甜，如果用 100℃水泡，坐杯 2 分钟看看是否青涩青麻。这个茶萎凋不足 36 小时，为了卖给喝绿茶的客户故意做这么青绿的。

评姐：果然叶底不是浅米黄，还是死绿的。这种萎凋工艺不到位的茶不可能说放几年会转好，当初活性物质没有转化好，到后面是不会有改变的。

茶友：用菜茶做的。

评姐：不管是什么品种做的，萎凋到位必须叶底浅米黄色，茶汤透亮，滋味醇爽。我们看茶，不能因为是菜茶就觉得

一号茶

二号茶

三号茶：2014 年老白茶

三号茶：2017 年白露茶

三号茶：2018 年寿眉

应该是这样的青绿色。我们的教学样 2018 年有机银针，喝起来是豆浆香，茸毛雪白，茶汤里有清花香和嫩板栗香。

茶友：那这种生叶味、青气，是因为萎凋还是季节？

评姐：萎凋时长不足。

二号茶

评姐：这个茶饼面干茶灰绿，暗沉无光泽，冷汤会青涩青麻。很多人把这种茶的青味与茶碱喝成茶味很厚，把青气喝成花香，而真正的花香茶汤是甜的。

这个叶底也是翠绿的，梗还很肿胀，说明萎凋失水没走透，还带点红边，夹杂发酵叶。

三号茶

茶友：这是我每年都会支持的一家白茶批发商的茶，在马来西亚和泰国都有销售。

评姐：从色泽看都不是很好的品质，并且白露茶没有可转化的内含物。

茶友：那就没价值了？这个白露茶价格还不低呢。

评姐：2014 年老白茶饼面看就是枯树叶，这种茶跟扫大街晒红变的没有区别，喝起来带酸涩味。

2017 年白露茶饼面红变叶、枯黄叶这么多，工艺实在太差了，也很难有秋茶的季节香。

2018年寿眉，干茶色泽暗沉灰绿偏死绿，一点活力都没有，我都没有喝的欲望了。

2019年高级牡丹，按国标应该是一芽一叶头春采摘，可是这个干茶芽头瘦长，更像是福安一带低海拔的二春茶，滋味应该很寡淡吧。

三号茶：2019年高级牡丹

四号茶

茶友：周老师，麻烦您帮忙看一下，这个2008年的茶是自然陈化的，还是做旧的啊？

评姐：这个饼面干茶非常硬挺，应该是晒红变的，坐杯喝冷汤应该是会酸涩的。

茶友：是有点酸，香气还可以，从第一泡到十泡，茶汤从浅到深。

评姐：你认为的香，很有可能是过发酵的烂水果香。好茶永远是顺甜的。

四号茶

五号茶：母本白茶

评姐：是不是拍照灯光的原因？这个叶底色泽萎凋不对啊，茶汤很快出茶碱青麻青涩。看这个叶张和茶梗还有焦黑，可能是后期烘干焙高火的。母本就是母树剪枝扦插，没什么神奇的。好喝才是硬道理。

五号茶

六号茶：饼干茶

评姐：这个红变可能是晒红的，也可能是压饼时温度太高过发酵，审评时茶汤会酸涩。

六号茶

七号茶：某品牌老树白茶

包装似烟盒，里头是小球状，干茶有些红变略有荷叶香。这种球状一般用手揉捏成型，类似新工艺白茶，与传统工艺不炒不揉相悖。审评叶底过发酵红边显。

评姐：这个叶底有红有绿很花杂，是典型做旧色。我说得直白些，这茶经不起审评。

茶友：主要是他家的模式好。

评姐：品质才是硬功夫。

第三节　教学标准样合集

自2020年以来，茶叶点评网本着"分享茶知识，做好茶科普"的发心，在花椒、西瓜视频等平台开展近50场公益讲座，并录制了6集白茶知识系列教学视频。然，茶还是要体验的！茶叶点评网在广大茶友的千呼万唤中，推出"白茶教学标准样合集"。

（一）2020年、2017年、2016年银针

2020年头采银针（散）：干茶芽头短小肥壮，茸毛密披，色泽银白，花香清纯；入口毫香显露，滋味层次感鲜明，茶汤绵润清鲜；鲜爽的冰糖甜，过喉，嘴里留有微凉感，鲜甜中带着些许薄荷感，持久生津；叶底浅米黄色（工艺成熟）。

2020年头采银针干茶

2020年头采银针审评

2017年有机白毫银针（散）：干茶肥壮银白，汤色浅杏黄明亮，毫香显著清雅，滋味鲜爽，冰糖甜，汤水稠度高、有米汤感，叶底鲜嫩软亮。

2016年高山银针（散）：粉粉的毫香，泛着淡淡的酸梅甜，冷汤有参味；经岁月加持，陈化出更甘香绵柔、醇滑如浆的茶汤质感，甜感依旧很足。

2017年有机白毫银针干茶

2017年有机白毫银针审评

2016年高山银针干茶

2016年高山银针审评

（二）2020年、2017年、2016年、2009年白牡丹

2020年头春牡丹（散）：干茶灰绿，芽头肥壮，芽叶连枝；花香高扬，香气馥郁且锐长，汤色杏黄，滋味浓醇甜爽，叶底软亮肥厚。

2017年牡丹王（饼）：干茶叶张伸展肥嫩，芽头肥壮有光泽；汤色杏黄明亮，毫香浓郁有蜜糖甜，滋味醇爽，汤水稠度高，叶底肥厚柔软；盖碗轻泡花香细甜。

2016年牡丹王（散）：芽头肥硕而粗壮，白毫密披，毫香足，泛着微酸的梅子香，这是3—5年毫香变化最有意思的表现；茶汤浓度高，入口丝丝蜜糖甜；叶底芽叶鲜活初展匀整。

2020 年头春牡丹干茶

2020 年头春牡丹审评

2017 年牡丹王干茶

2017 年牡丹王审评

2016 年牡丹王干茶

2016 年牡丹王审评

2009 年白牡丹干茶

2009 年白牡丹审评

2009 年白牡丹（饼）：干茶叶张舒展带毫芽，光泽好；汤色橙黄明亮，枣香飘逸，带淡淡的药香，滋味醇厚，汤水稠滑，甜度高；叶底肥厚柔嫩。

（三）2018 年、2012 年、2007 年老丛白茶

2018 年老丛白茶（饼）：特有的青苔味、木质味、花蜜香，带给我们一种走进世界级自然保护区竹林野境的感受，茶汤浓郁劲道，轻泡如野蜂蜜般紧实，口腔内充盈着百花蜜香。

2012 年荒野牡丹（散）：杭州的小姐姐说最喜欢这款茶的冰糖雪梨香，怎么泡都不会涩。荒野茶就是有浓度，就是有甜度。

2018 年老丛白茶干茶

2018 年老丛白茶审评

2007年老丛白茶（饼）：饼面光洁，色泽自然浅褐；汤水稠滑细软，有股甜糯的谷物香；审评泡的浓度与轻泡的蜂蜜甜都诉说着老丛的神奇内质。采摘自20世纪知青茶园的青叶，传统日晒萎凋工艺，赋予老白茶更加神秘的陈韵。

2007年老丛白茶干茶

2007年老丛白茶审评

（四）2015年、2012年寿眉

2015年寿眉（散）：花香味醇，适合喜爱喝浓茶的茶友。

2012年寿眉（饼）：干茶叶张舒展略带毫芽，光泽好；汤色橙黄透亮，荷叶香高，带淡淡的枣香，滋味醇厚，汤水稠滑，甜度好；叶底肥厚柔嫩。

2012年寿眉干茶

2012年寿眉审评

（五）2004年、2003年老白茶

2004年老白茶审评

2003年头采牡丹

2004年老白茶（饼）：评姐的陪嫁茶，甜糯的仙草蜜味，煮茶时满室枣香，有爱的家族传承。当时的白茶多以白毫银针剥针叶为主原料，略带细毫，作为出口商品名为"白叶子"；做银针的原料采摘等级高，多为早春茶青，汤感紧实，好似白水观音，浓度高，甜度高；叶底泛着浓蜂蜜般的微酸甜。

2003年头采牡丹：干茶自然转化色泽浅黄深褐（做旧的色泽则普遍统一黑灰），芽头肥壮嫩毫多。枣香明显伴有毫香蜜香，香气持久。茶汤饱满，头道茶有稍微酸涩感但不麻口（这是审评高浓度的原因，就像蜂蜜）；入口后有喉韵，余韵幽长。浓稠似米汤，冷汤有清冽感，好似雨后竹林野境的气息（生长环境为高山），茶叶耐泡度高。汤色呈琥珀色，透亮美好；叶底匀整软亮鲜活。

不愧是评姐的教学样，煮茶更加优秀，甜醇的枣香糯香弥漫着整个办公室。只能说这么多了，茶藏在哪就不告诉你啦。

评姐的建议：

新茶一定要选花香清纯、有冰糖味的。

（1）当下喝：三年药，意味着三个周年起的茶才具备药性，滋味醇厚、香气清纯，适合当下喝。

（2）适合囤：两个周年起的茶，退去青味火味、氧化后的异杂味，茶性稳定、工艺纯正、适制品种、浓度高的春茶，值得你用青春陪它慢慢变老。

2017 年牡丹王（饼）内质丰富有浓度；2009 年花蜜香牡丹（饼）可喝可囤、价格实在；2018 年老丛白茶（饼）内质极为丰富，菜茶品种的老丛亦是难得，转化空间大。

（3）升值空间大：2007 年老丛（饼）、2004 年老白茶（饼）、2003 年老白茶（饼）。

一场疫情让我们懂得珍惜，珍惜眼前一起喝茶的人，珍惜那些一起暗淡时光的老茶。如果经济允许，我就喝最老的，喝够好的，因为时光不等人。

什么叫升值？得到健康，得到围炉煮茶的幸福，就最值！过好当下！未来可期！

室外茶空间

第五章

白茶
印象

第一节　我喝过的好茶

（一）2020 年太姥山有机银针

泡茶器：110 毫升盖碗。

用水：过滤水。

干茶

干茶毫香，微带槐花香，毫银灰，叶芽浅黄绿，芽毫披布微张，带鱼叶，芽头短、饱满尚壮，尚匀整；摇香毫香略带花香和少许焙火后熟香。

冲泡

第一泡：定缘吊水 10 秒，盖碗毫香并槐花香，清丽自然，茶汤浅月白，面香毫香带花香，茶汤清甜细腻，味淡汤醇，毫香落水，生津快而柔，留甘久。

第二泡：回冲定缘吊水 10 秒，盖碗槐花香清幽，毫香清新，茶汤月白，面香毫香带花香，茶汤浓厚甘醇，香滑玉润，毫香花香重落水，生津快，留甘柔而久。

2020 年有机银针

芽 　　　　　　　叶底 　　　　　　　冲泡

　　第三泡：定缘吊水 10 秒，盖碗槐花香馥郁，栀花香清锐，兰花香幽婉，毫香宁和，茶汤浅金黄，面香毫香、玉兰花香，茶汤甜醇细腻，清灵鲜爽，有凉韵，毫香并槐花香落水，清幽明晰渺远，生津柔久，留甘久。

　　第四泡：定缘吊水 10 秒，盖碗槐花香清新，毫香柔细，面香槐花香幽静，兰香脉隐，茶汤浅金黄，甘醇清透，柔滑顺畅，毫香、槐花香落水，生津久，留甘尚久。

　　第五泡：回冲定缘吊水 10 秒，盖碗槐花香清透，兰花香清隐，栀花香清锐，毫香甜柔，茶汤金黄，面香槐花并玉兰甜香，毫香静幽，鲜甜醇爽，浓厚清新，清新槐花香并栀花香重落水，毫香调和其间，生津快而久，留甘久。

　　第六泡：定缘吊水 15 秒，盖碗毫香并玉兰花香，甜柔，槐花香并栀花香、兰花香后起，清幽，茶汤金黄，面香玉兰花香、槐花香，清甜醇柔，尚厚，毫香槐花香落水，清新略弱于前。

　　第七泡：回冲定缘吊水 10 秒，盖碗槐花香馥郁，毫香清幽，茶汤金色，面香玉兰香，清纯，水香毫香野旷，槐花香清隐，甜醇浓厚，清透细滑，尚鲜爽，灵动，生津柔，留甜久，微苦。

　　第八泡：定缘吊水 30 秒，盖碗槐花香、玉兰花香，尚悠远，甜柔，茶汤金色，面香玉兰花香，甜柔，甜和细腻，尚醇浓，毫香落水，生津快，留甜久。

　　第九泡：回冲吊水 30 秒，盖碗玉兰花香并毫香，甜柔温和，茶汤金黄，面香玉兰花香微带竹叶香，温柔微甜，毫香竹叶香落水，清甜微苦醇厚，尚柔滑，生津快，留甜尚久。

第十泡：吊水60秒，盖碗玉兰花香清纯，茶汤金色，面香玉兰花香偏清幽，甜爽清透，玉兰花香落水，灵气逼人，香水均轻盈而饱满，意料之外的惊喜感。

审评

（1）审评泡1【5分钟】

面香清纯蛋白熟香、毫香、似玉兰甜花香，茶汤稍浅的杏黄，叶底馥郁槐花香、毫香、栀花香，叶底浅黄绿，色泽匀，叶肥嫩鲜活，滋味稠厚润鲜甜，微清苦，毫香槐花香落水，无异杂。

等体积稀释，月白，甜柔清醇，厚滑鲜爽，毫香、槐花香落水，茶汤极饱满。

冷汤原汤，醇厚鲜浓清新甜爽，毫香沉幽。

冷汤稀释汤，甜软娇嫩花香清柔，想起某次被递到手心的一瓣柔软白色花瓣。

（2）审评泡2【5分钟】

面香清柔毫香、似玉兰甜花香，茶汤杏色，叶底玉兰花香、毫香、略带木本清香，滋味醇厚鲜甜，清润尤带微苦，毫香、槐花香、微玉兰花香落水，无异杂。

等体积稀释，米白，面香玉兰花香，甜柔清醇，鲜美灵动，槐花香、毫香落水，茶汤尚饱满。

冷汤原汤，醇劲甜爽厚强清冽，花香毫香清冷。

冷汤稀释汤，清甜冰冽，口感惊艳，轻盈柔滑醇厚，毫香花香融合落水，若冷月侵人。

（3）审评泡3【10分钟】

面香软杏春桃，茶汤杏黄，叶底香槐花玉兰各胜擅场，茶汤甜醇尚厚，尚鲜爽，槐花香、毫香落水，茶汤相对前微欠饱满，稍带苦。

等体积稀释，浅杏黄，面香玉兰花香，清甜尚醇，柔滑轻盈，毫香尚落水，茶汤尚饱满。

冷汤原汤，清甜醇厚，竹叶香、花香落水，微清苦。

冷汤稀释汤，甜柔醇厚，饱满，竹叶香稍带花香落水。

（4）叶底冷泡14小时

稠厚醇滑，显甜，微带苦，毫香隐幽，玉兰似的竹叶香较浓。

采茶

（二）2017 年有机银针

干茶

外观：芽头肥壮，浅黄绿色，白毫密布，银白有光泽。

香气：毫香浓郁，介乎初期的野草香和转化的谷物香之间，因浓度高微呈梅子香。

等级：芽头肥壮、饱满，鱼叶为芽 0.3—0.5 倍长，尚匀齐。

净度：无杂，鱼叶稍有剥脱、断碎。

摇香：毫香清锐，偏野草香，略隐花香。

福鼎天毫有机白茶园

冲泡

第一泡：定点吊水，15 秒坐杯，盖碗毫香清润，栀花香幽幽浮动，后调有玉兰花香温柔甜美，滋味清甜细爽，鲜醇灵动，而不乏厚度，茶汤内毫香静美，温纯细腻，略有野兰花香，劲道而秀美。

第二泡：定点吊水，15 秒坐杯，盖碗里毫香中的花香幽隐下去，微微带着甜意的木质香抬头，茶汤清醇浓厚，甘柔顺滑，花香落水，栀香、兰香、玉兰香、槐花香，不一而足，随着醇厚又平衡的茶汤释放出来，伴随着看似平淡的鲜爽与醇厚的，正是舌面次第绽开的花香，茶汤浅米黄色，韵致悠远。

第三泡：回冲吊水，15 秒坐杯，盖碗毫香清远幽细，花香纷繁秀丽，如春野，如夏涧，如秋山，如冬泉，茶汤浓厚平衡，鲜醇尽在，清柔具足，甘滑称意，毫香落水重，花香其次，茶汤有劲，清心凝神的效力很足。

第四泡：吊水，15 秒坐杯，盖碗是极强的野草香和野兰香，清锐近乎高扬，而后是毫香与稍慢一步的玉兰花香压场，甜柔悠长，茶汤甜柔清醇，毫香玉兰香落水，甘甜清鲜，醇度虽然弱于上一泡，但是鲜灵感强。

第五泡：低细水，15秒坐杯，毫香幽静，玉兰花香甜柔，茶汤甜度高企，清醇柔滑，有浆感，落水香已经在花香与毫香中取得平衡，两者与茶汤的甘甜融为一体。

第六泡：回冲吊水，15秒坐杯，盖碗是甜甜的花香，毫香进一步柔化，茶汤醇厚甜柔，清透留香，喉韵向上下蔓延，通体舒泰，毫香花香持续落水，引人着迷。

第七泡：低细水，20秒坐杯，盖碗毫香起先温润起来，带上了木调微钝的质感，而后才有野草香的张牙舞爪，幽兰乍起的缥缈清绝，最后的气息则融入了箬叶香的初调，温婉迷离，茶汤极醇而通透，毫香如春草蔓生，高歌着扎根喉吻处处，茶的本甜、本鲜，与一抹植物系幽幽的清苦将本质展现得淋漓尽致，茶汤的活，到这一泡竟然最有惊艳感，野山破岩水滴处，老树新芽展腰时，或可见一斑。

第八泡：低细水，60秒坐杯，盖碗香花香浓郁，毫香悠长，花香温柔而沁人

心脾，种类不明晰，只给你仲夏深夜被水土余温所慢慢炖出的满山混合花果香，柔、静、入骨，底下透着一点毫香的调皮，一点粽叶香的掠影，就更加安详而富于灵气，宛如未经世事的大家闺秀，温雅妥帖又纯净天真犹存的样子。茶汤醇厚清润，鲜甜可口，稍漾了半星儿苦，落水反以毫香为主，于是清纯中尤带着一抹野性的、明艳的生命力，恰似一低头的温柔过后，朗然抬眸，对视中窥见的自信、笃定与欣喜，存心一念，终究佳茗如美人。

第九泡：低细水，120秒坐杯，香气越发温吞，箬叶香的柔和里，有淡淡甜花香的轻盈，浅浅野草气的韧性，气息舒适而柔软，茶汤清纯细甜，尚醇和，盈盈的甜，微微的苦，软软的毫香，柔柔的粽叶香，还有淡淡的花香，和谐又统一，正似帘幕低垂，隔纱而望的倩影。

白茶意境

第十泡：低细水，300秒坐杯，盖碗香柔化，温温软软婷婷袅袅，粽叶香与花香携手并立，再飘荡丝丝缕缕煮玉米须一样清甜的味道，茶汤醇和，甜苦参半，不过苦化得尚快，甜度能接上回甘，整体评分仍然在线。

第十一泡：竹叶香几乎纯粹起来，尤带一抹甜花香的柔美，茶汤清甜尚浓，微苦略利，尚醇，毫香与粽叶香落水，滋味表现仍尚可。

（三）2003年老白茶

茶滋日月之钟灵，凝聚天地之精华，带着阳光雨露的温柔，让人领略自然造化的神奇。都说水为茶之母，器为茶之父，其实好茶才是根本，水与器只是锦上添花。如何鉴别茶的好坏是一门尖端学科，就像中医看病，也需经过望、闻、问、沏、品才能觅得一款好茶。以下以2003年老白茶为例，加以说明。

望：就是观其颜色。好茶干仓转化色泽不一，如整个茶饼颜色统一暗黑，没有茶梗、没有白毫便有做旧嫌疑。

闻：17年干仓老白茶打开便醇香扑鼻，做旧之茶却只有淡淡的烟草味，没有茶香。

问：如价格太贵或便宜到离谱都有问题，根据当年收藏时的叶底、人工、仓

品品香河山有机白茶基地及白茶庄园

茶山祖屋

储成本加年份定价的茶才是正确的。

　　沏：是关键一环。能让好茶流光溢彩的，除了茶、水、器这三大要素，泡茶技艺直接影响茶的口感。但茶艺不是花里胡哨的摆设，更不是张扬的装腔作势，而是放松矜持的神情，平稳浮躁的心态，掌握正确的泡茶方法，宁心静神才能泡好每一款茶，让香茗净化身心，让怡悦之情渗透每个细胞，享受那茶味神树的高香，体味温婉柔美的茶韵。反之，火之过燥，沏之过激，焖盖过久，都得不到真味。

　　品：更是关键的关键。做旧之茶喝来干涩锁喉，陈仓味十足，叶底色泽统一，为把仓味去掉，很多人会洗茶三道，有的索性洗四五道后再煮。但如此一来，茶内所有的营养物质和药效都消失殆尽，没有茶气，只留下洗尽铅华后尾水中的丝丝甜味。而真正的好茶，只需60℃水快速冲洗是为醒茶，第一道就能让人感受到它甜柔而富足的茶气，适度拼配让相伴不离的芽叶茶梗在转化过程中更具层次感，自然陈化时间虽同，但成分不单一，转化后的颜色也不完全相同，冲泡时随着叶底的缓慢舒展，那层次分明、甘甜如怡的口感，更如微风滑过绸缎般的顺滑，令人满口清香，齿颊留香。

　　干茶：毫芽显露，干香甜润，沁人心脾。

　　汤色：这茶泡20泡依然黄亮。

2003 年茶饼

滋味：如果说老茶甜是最好的标准，那么甜醇润厚就是一款好茶的标准。

香气：满室清香，纯正的甜糯香。如果说有药香，也是甜甜的。

叶底：它不黑，不烂不糊。它鲜活地舒展着，它浅黄深褐自然地转变着。

茶农们习惯用 100℃高温水坐杯，茶水又苦又浓又涩才算霸气并称其为有力气的茶，殊不知每片茶叶都有灵魂，就像每一片流云都有眼泪，高温水瞬间冲下伤了茶的筋骨，就少了茶的鲜甜与柔美。

与茶农相悖的是，现在很多穿着茶服随身带着茶杯便自称茶人的，到处办班教人喝茶，说什么双手放胸前泡的茶没力气，两臂呈 45°撑于桌边泡出的茶就很有力气。其实茶气是否充足，关键在茶本身，要让每一款好茶得到淋漓尽致的展现，让茶味清新高远经久弥香，泡茶人需懂其茶类、熟其茶性、掌其茶技才能得其真味。

如何让飘逸的茶香满屋芬芳，在落雨生香的静夜浅吟低唱？把懂茶、爱茶之人细水长流斑斓的典藏，在流水潺潺的缠绵中完美展现，那不是喝茶人简单的浪漫，而是茶人对好茶绵柔依恋下精美的禅变。

评姐有话说：

磻溪有片山，这片山总是很容易让人迷路，爬上山顶仿佛能摸到云，每次在山里看着比我高的茶树，摸着树干上的白斑青苔，总有股感动要哭的热泪。百年树木，屹立在这风里雨里、岿然不动的茶树，已不知当年谁种下，总有后人来乘凉。秋冬季走上这片山，朵朵茶花开放陨落，风吹过阵阵糯糯的花粉香，它香不妖、香不飘，糯糯的花香是家人那稳稳的幸福，是待到山花烂漫时，她在丛中笑的美好。

生活忙忙碌碌，你有多久没有驻足欣赏身边的自然之景？今晚，放缓行路的脚步，暂停手头的工作，挽着爱人的手，尽情漫步在这自然的美景中吧。你看，叶在蹁跹，落花满地，星星在眨眼……明天，等阳光普照，可以再出去走几步，当你经过树叶掩映的小径时，阳光从重叠的叶子中找到缝隙钻入，扑在你脸上，转瞬又爬到你的肩上跳舞。此时再来一阵清风，便可听到头顶的绿叶在风中私语。所有这些自然的礼遇常常在这些不经意的抬头间、匆忙的赶路时发生，你在这些围裹里面会化身诗人。普鲁斯特在《追忆似水年华》里说："每天清晨有多少双眼睛睁开，有多少人的意识苏醒过来，便有多少个世界。"那么你呢，是否也在清晨时分拥有过一个独一无二的小世界？

撬饼

（四）老白茶习茶日记

2011 年老寿眉茶饼

正是"青黄不接"之际，快递及时送来了茶叶点评网周萍老师自售的白茶，迫不及待地开袋，清香扑鼻而来，里面有两饼：老树白茶和白牡丹。拆包，待了一会：先喝哪饼？

注水

心理学家有个测试，吃东西时，好与差的选择顺序反映出一个人的性格。我从小就习惯把最喜欢的留在最后吃。白牡丹，听名字就很珍贵，于是，我决定先喝老树白茶。即刻找来茶针撬开茶饼，毛手毛脚地不小心弄出了很多

冲泡

碎叶，那么，就先煮这些碎叶吧！

　　这么多碎叶，直接用壶煮，水一沸腾，看着茶汤变成了亮晶晶的琥珀色，心情就莫名地欢愉。这么一大壶，几泡下来，够喝一整天了！

　　"庭下芝兰秀，壶中日月长。"倒进公道杯，药香？枣香？傻傻地分不清楚。倒上一杯，口感顺滑、醇和，回味甘甜，是好茶（虽然没有上次师父施的十年老白茶香）。一口口啜饮，这味道似曾相识？

　　思绪回到儿时，外公家依山傍水的老屋，屋前大湖的西南角有一口泉，正是夏天花生收割的季节，大人们忙里忙外，外公给我个壶，吩咐我去打些泉水，我乐此不疲；打水回家，看外婆煮茶，茶香四溢，那茶，就是山里的野茶自制而成……弹指一挥间，时间带走我们最美好的年华；无声无息中，也毫不留情地带走我们身边最亲的一些人。昨日匆匆，无法挽留。日升日落就是一天，春去春回就是一年。别总以为来日方长，别把美好的心愿，寄托于不可预知的明天。唯有珍惜今日，珍惜眼前的人和事，不懈怠，不等待，才不留遗憾。

2011年荷香寿眉

自然阳光恩赐予，

天然芳香。

岁月时光积淀出，

浓厚韵味。

寿眉之温润醇和，

恰如故人相聚，

壶里杯中，

满满相知相契的温润圆融；

醇厚滋味，

满是尽在不言中的默契情意……

即使是长长久久的相守，亦无久处生厌之感。

（蓝波波）

2004年寿眉饼煮的茶汤

谷雨天"2004年陪嫁茶"品饮记

陪嫁茶饮后咏：

陪嫁娇儿茶做妆，流光岁月韵深藏。
一壶煮得亲情味，甜糯滑香慈爱长。

谷雨时节，应节气宜饮好茶，选择了茶叶点评网周萍博士赠予的2004年陪嫁茶老寿眉品饮。5克茶，沸水冲泡，金黄明艳的茶汤中满满缠绵甜香。三泡饮下，感到全身毛孔都畅通了，胸口背心被茶气冲腾起透汗。直觉腋下生风，遍体通泰，情绪也变得兴奋起来。

八泡后，将茶底加水熬煮，不一会儿，整个房间里满溢着浓浓糯粽香。两小时后，一盏红艳浓酽的茶汤，盈满时光岁月沉淀出的无言诱惑。入口丝丝缕缕的甜糯让人不忍释杯，欲罢不能。不由得想起关于这陪嫁茶背后的故事：

自来各地嫁女儿多陪嫁财物，而福建茶乡偏偏有以茶陪嫁的风俗。2004年出嫁时，父亲陪嫁了两百担白茶，虽然只是白茶中低品级的寿眉，但深谙茶道的老茶人选择时别具慧眼：这批茶产自福鼎白琳，均为白毫银针剥针后所余叶子，甚至带有许多银针瘦芽，品质比一般寿眉高许多。

第一泡用90℃开水坐杯15秒后出汤，汤色橙红明亮，这茶汤里好像什么都没有，又好像包含了所有。第二、三泡用100℃沸水冲泡，两汤合并，滑稠的汤面是有穿透力的清甜，茶汤入喉，恬淡的红枣粽子香滑过喉间。老白茶的甜醇润厚，彰显岁月的坚守。取陶壶煮开后关火焖10分钟，开盖后屋里飘荡着浓郁的药枣香，真是白茶中的王老吉，

2004年寿眉茶饼

夏枯草的味道！放凉后用大碗喝下几口，顺滑的喉韵直指胸腔，空调房里的冷化作微汗，和茶友们喝到好茶的满意的笑容。余下茶底直接入壶煮了，席间浓郁的枣香伴着夏枯草或仙草蜜的味道在鼻息间串来串去。

十六年时光荏苒，昔日的茶乡女儿成为了茶叶精细加工专业的博士，而那一仓老茶也在悠悠岁月中默默积聚着生命能量，成为不可多得的茶中珍品。没有丝毫做旧茶的霉变味、渥堆味，干净纯粹得一如爱茶者为茶痴狂的初心。

冲泡时茶汤滋味甜糯柔滑，淡淡药香，浓浓粽叶香宛如仙草蜜味。喝着浓酽馥郁茶汤，由唇齿到全身如丝如缕的甜蜜温情感，满满是沐浴春晖，被宠爱的味道。

此茶久泡弥香，最宜熬煮，在文火轻炖中慢慢升腾的茶香别具迷人氛围。

写在最后的话：

有一种惊喜是茶汤中的邂逅；

有一种放松是茶香中的释然；

有一种明悟是茶境中的修行；

愿慧心寻访，得好茶与君共守。

（在渊考槃）

2008 年贡眉茶饼煮出细滑甜

高氮环境：这款茶采自管阳七蒲村，此处海拔近 800 米，土地肥沃，常年云雾缭绕，年平均气温 12—14℃，四周群山延绵逶迤，森林覆盖率高达 70%，负氧离子含量高，自然生态环境优异。茶园常年以漫射光为主，茶树氮含量升高，生成更多鲜甜茶氨酸物质。

严苛工艺：都说高山难做茶，全曝晒怕晒成树叶干无滋无味，山中雾气大、水分蒸发慢，室内阴干又怕梅雨天返潮，全用萎凋槽又担心吹伤叶片红变不利于后转化；每一次的不炒不揉细心呵护，只因老爷子做这茶就想让后代安心喝。何时该炭火升温，何时该并筛堆青，老人家都小心翼翼严格要求。

标准仓储：当人们还无意识到白茶的好，我们已开始在原产地建专业仓；当人人都在说自己几岁时，我们牵头制定国家标准，为行业发声。恒温恒湿更科学，绝不因受潮等仓储问题破坏老茶人当初用心制作的每一片茶饼。

干茶：饼形圆润饱满，饼面色泽灰褐，12 年陈化，岁月沉淀，颜色由黄褐转为深褐，带有浓浓的荷香枣香。里料与饼面一致，表里如一，全靠专业仓恒温恒湿自然转化，这是全国白茶仓储管理规范制定单位的承诺。

滋味：12 年陈韵，煮饮枣香浓郁，糯糯的枣香如丝滑般萦绕在喉间。

汤色：汤色由浅褐至深褐，汤汤渐浓，煮后更是透亮稠滑。

香气：由干茶的荷叶香到泡饮的枣香，到煮茶的糯香，这是茶氨酸转化出的谷物香。

叶底：叶脉清晰、叶片均整、鲜活软亮。

老白茶煮着喝，茶友们都知道寿眉粗枝大叶是最有可煮性的，枝叶里丰富的多糖物质更是平衡血糖的良方。这个冬天陪着老人围炉煮茶，煮出甜蜜的枣香，煮出醇厚柔顺的家和。品着煮好的 2008 年贡眉，茶汤泛出的荷叶香甜糯香，眼前仿佛一幅"最喜小儿无赖，溪头卧剥莲蓬"的暑期悠闲时光，甜糯的玉米是妈妈刚煮好的点心。

取 8 克茶饼用陶壶加冷水煮开 10 秒后关火，用炉上余温焖 10 分钟出汤，再用凉好的冷开水 1∶1 冲兑，这样出来的茶汤就更加细腻滑甜。炎炎夏季，胃口不好时还可在茶汤里加一两滴鲜柠檬汁，很多餐厅都向评姐偷学过这招的。

太姥山荒野茶园

干茶

茶汤

2012年雪梨香荒野牡丹散茶

干茶叶片肥厚夹着些许银芽，香气清新动人层次丰富。它不炒不揉自然萎凋那返璞归真的制法，更衬出花香牡丹清鲜甘爽的典雅。

取茶8克温杯摇香，第一至二泡，80℃水温5秒出汤，秒回一遍，茶汤明亮，淡淡的药香和米汤香交缠一起，清新儒雅。那柔柔的蜜糖香，如夏日里娇艳盛开的荷花，幽香袅袅、丝丝入鼻。

第三至四泡，85℃水温8秒出汤，汤色金黄明亮，汤水清甜，花香药香突显，一如夏夜里的栀子花，朴素而香气馥郁，闻之则醉。

第五至六泡，90℃水温10秒停顿回旋出汤，汤色油亮，入口香显味醇，如绸缎般绵柔，宛如满树的金桂，娇羞慵懒却香气高扬。

第七至八泡，95℃水温25秒停顿回旋出汤，将沉睡叶底的花香药香再次唤醒，那清清淡淡的水涩味，细细品来竟像篱笆墙上的荼蘼，豁达大度却历经沧桑。

第九至十泡，100℃水温沿杯注入，50秒停顿回旋出汤，那金黄透亮的茶汤纯净素雅，丝滑柔软，令人满口回甘回味无穷。

第十一泡，100℃水温，坐杯90秒，茶汤不见苦涩，滋味醇香爽冽，尚未褪去的氨基酸带来饱满的柔甜，在此表现得淋漓尽致。

第十二泡开始，将柔韧肥厚的叶底投入玻璃壶，悬壶高冲，任花香牡丹的叶片在水中舞蹈，舒展身姿，宛若蓓蕾初绽的牡丹，淡淡的枣香若隐若现，将甜美的蜜韵凸显。

挑一叶细细观赏：叶脉完整清晰，荷叶的清香揽着花香萦绕在鼻间，深嗅之，不由神清气爽，让人沉淀不再浮躁！没有尘世的喧嚣、没有浮生的纷扰，只留下空灵的梵音与悠长的茶韵，共享安好！

这泡茶孩子们都喜欢冷泡喝，冰糖雪梨味的甘甜爽口，源自一壶冷萃白茶。脚步匆匆，背包里总有一瓶纯净水塞几片牡丹叶，伴我一路透心凉。

南方的秋燥飘过甜到忧伤的桂香。多年前，也是这样的秋风清，秋月明，落叶聚还散，我披起女儿的衣服，遥想远嫁的她是否也在跟我喝同一杯茶？

"相思相见知何日？此时此夜难为情。"山风吹过，恍如隔世，无处安放的事忧思与期盼，还需一个得以温存的去处。秋分到了，这一天将日夜平分，而从今天起，思念的夜晚将会渐渐变长了。

诗人说："秋天，人们在你的怀里面找到一切。"我想说，冰糖雪梨味是妈妈的味道，是秋燥久咳的安然。

2014 年毫香蜜韵牡丹王茶饼

干茶：芽毫肥壮、毫香显露。

汤色：泡饮金黄透亮，煮饮橙黄稠和。

滋味：泡饮甘甜爽口、毫香嫩香尽显；煮饮醇香醉人，入口绵柔，如马蹄甘蔗汁般甘甜爽口。

叶底：均匀、柔韧、叶质肥厚、毫心显，有花香。

20 世纪知青时代荒山老树，生长于 600 多米高山上。在周恩来总理提倡建设"绿色油库"时，飞机播种撒下很多茶籽，长在荒山间，长时无人照看，打药施肥更是幻想。这里山高、树老，茶性淳朴，口感上佳。

干茶色泽浅黄，毫毛银洁，蜜香飘逸，是典型的"毫香蜜韵"标准样。泡饮毫香

2014 年牡丹王

扑鼻，如山泉水加了蜂蜜般的透心凉。"泉眼无声惜细流，树阴照水爱晴柔。"儿时三五小伙伴到后山背桶山泉水回家泡蜂蜜的光景还会再来。

最有趣的是，周博士为大家冲泡 2012 年雪梨香牡丹和 2014 年毫香蜜韵牡丹王之后，找来两个大扎壶，直接将叶底倒进去，灌满一壶农夫山泉，课程结束后再倒出来跟大伙分享，惊艳了在座的每一位。原来白茶可以这么玩、这么时尚，还排队买什么喜茶呢？冷萃让低沸点芳香物质更加凝聚，花果香更加清晰，猛喝一口就像山泉水冲调蜂蜜，丝丝蜜甜漾心田。

最难忘的是，周博士带了个神奇的工具（补水仪），她把每泡茶水加入补水仪，通过补水仪本身的雾化小分子原理，将每道茶香清晰地显现在人们面前。

第二节 寻茶笔记

（一）心茶之旅

接到这次活动的邀请时，有点不上不下的担忧。我一个搞科普的怎么演绎好茶道呢？参加这次活动都是大咖，有最美茶艺师全国赛冠军骆韵霏、季军汪江嫣，还有久仰大名的古琴演奏家马常胜，台湾食养山房主人林炳辉，以及一群大家都十分喜爱的茶人朋友。我担心自己一个搞审评、搞生化的博士，平时审评节奏紧慢不来雅不会，泡个茶都是小白龙过江，到处湿答答的，又怎能上得了台面，成为十个主泡手之一呢？

梅园泡茶

村里的皇菊金灿灿的，阳光下河对岸淘米洗菜的人们，谁也不问来客何人。我记得自己在课堂上常说，福建人最讲茶文化，最有茶文化。是因为不管你到哪，不管对方是多大的老板，多大的领导，他都会先烧水净器，泡一壶好茶递过来。这时你也许路上堵车心乱的，借烧水煮茶的工夫你也可让自己平静下来，理理谈事的思路。而就在这杯茶汤递过来时，你感觉到宾主间是平等的，他的热情也感染了你，你也愿意更加充分地表达自己。客来敬茶，比一瓶公式化的冷冰的矿泉水感觉好多了。

既如此，此时，我就是那个给你泡茶的人，再无其他。在这个四百年古宅里，琴箫合奏，第一次这般仪式感地穿上布衣，披着黄菊色的围巾，和着茶女子的脚步缓缓进入殿堂。鞠躬，在内心敬天地赐予茶这片神奇的树叶，敬所有来宾安静祥和的美好午后，敬活动组织者参与者的无私付出。转身入座，主办方准备的第

茶艺师

茶空间 / 林深摄

二泡茶是当地绿茶，我习惯性用审评视角来看待，略有苦尾，不知是杀青不透还是自己没泡好。这般细嫩的茶底，闻着还一股香煞天的劲。第三泡茶是红茶，叶底不鲜爽的焖感，和茶汤里略显甜腻的滋味，让我想念自己常喝的桐木老丛红茶。趁着邻桌骆韵霏上台表演时，我悄悄过去倒了杯她泡的茶汤，我心里咯噔下。望着阳光下韵霏轻盈的舞姿，律动的小手有如茶人种茶采茶制茶的举动，我明白了。

茶是包容的，过往的我总是从国标审评来看待品质优劣。也曾把自己关在实验室，比对同一款茶，不同水温、不同器具冲泡出来的成分有所不同，因而表现出来的口感体验有所不同。然，当茶生化解读不了茶文化时，就如此时。只有闭上眼，享受微风拂面，感知雅集、礼乐、仪轨，一曲曲触动内心柔软，不禁泪湿眼眶。

创办茶叶点评网快五年了，过往通过微信公众号文章解读自己对好茶的认知，还出了本为8090青年识茶科普书《悦品闽茶》。直到今年，我突然决定下沉，光有理论是不行的，我得让大家喝到对的、好的、教科书级的标准样。于是，我开展了一场场带知识讲座的线下品鉴活动。走了江浙沪，绕过北上广，还直指西南、中原，很有重走长征路的味道！父亲20世纪70年代到广州卖茶，还很担心被当资本家批判，而现在茶已成为农民脱贫致富的主要经济来源。

都说女儿不远嫁，我老家的风俗是女孩一出生父母便要准备一罐白茶，待到出嫁时陪嫁过去。不是锡罐多值钱，而是里头的老白茶有大用处。直到我坐月子时母亲过来，才告诉我按家乡风俗，坐月子得每天喝几斤家酿红酒炖蛋加红糖生姜，因为老家的水很寒。可我现在远嫁福州，这里有温泉地气热，怕你不适应，正好用老白茶来炖冰糖，二十几年的老白茶茶性已由寒转温补，这样的茶下恶露

第五章　白茶印象　　137

也有特效。

　　这样安静祥和的午后，往事历历在目，所有的委屈不易与艰辛，和老师们不计报酬，不远万里，自带行装来赴一场茶会比起来，真算不了什么。当初那般执意地坚持下来，正因为父亲靠卖茶支撑着一个家，母亲用茶给远嫁的我健康保障。人们不仅需要茶，更需要一杯明确的好茶。我有义务去帮助大家，提高好茶辨知，建立正确认知；我有义务为行业科普做点事。

　　茶不只是给人提供味觉的满足，还是一个途径，一个方便法门，帮你经由形式进入精神领域。也就是由物而入道。

　　明成祖朱棣的亲哥哥朱权曾经说过，你可以通过茶"与天语，以扩心志之大"。就是说，一杯茶要历经天地万物、风云雨雪、春夏秋冬，才来到你的茶桌上。所以，你喝茶，就是在跟天地万物这个大语境对话。它帮助你突破小我，进入大我。所以茶这个形式意义，在于导引你接近内在的精神实质。

　　茶、琴、插花、焚香，其实都跟中国文化连通心灵和自然的倾向有关，也就是说，它们是天人合一这种文化理想的外化体现。

　　就让我们走回天地日月中去，把每个朴素的日子，过成良辰！与你共勉。

（二）建阳白茶品茗记

贡眉之白

　　文案上一杯白茶是我的最爱。端笔疑神时，每每看着透明玻璃杯里盛着的白茶，汤水晶亮，汤色杏黄。杯中亭亭玉立的茶芽在水中徐徐飘动，宛如风情万种的少女在翩翩起舞。灵秀，轻盈，妙曼，舒展。淡淡的清香直扑鼻间。轻轻一咂，顿觉满齿留香，文思如涌。

　　茶，是中国的国粹，"茶为国饮"。它是人与大自然共创的杰作。如果说，绿茶因清新、柔美、成熟被誉为少妇，红茶因红艳、亮丽、高雅被誉为贵妇的话，那么，白茶则因纯朴、淳真、天然去修饰而被誉为待字闺中的少女。先且不说其外形自然朴素，满披茸毛，似雪像冰如云，就拿其工艺来评论，绿茶乃是半发酵茶，需经杀青、揉捻、烘干等过程；红茶则是全发酵茶，不仅需杀青、揉捻、烘干，

白茶采摘 / 赖雅琼摄

还需烟熏；白茶则不揉不炒，全凭自然凋萎焙干，养分丝毫无损，难怪称之冰清玉洁。

白茶种类繁多，瓯闽一带白茶最负盛名。其中，小白茶为白茶的上乘珍品。宋徽宗赵佶在《大观茶论》中，有一节专论白茶："白茶，自为一种，与常茶不同。其条敷阐，其叶莹薄，林崖之间，偶然生出，盖非人力所可致。""须制造精微，运度得宜，则表里昭彻如玉之在璞，它无与伦也。"可见这位皇帝对此种在林崖之间野生的小白茶情有独钟，喻其如美玉包藏在璞石之中。

论及白茶的分类，茶界却是公认的，根据不同原料加工出不同产品。主要有两类：一是从野生茶插枝条而繁衍出来的小白茶，主要产品有贡眉、寿眉两种；二是经人工培育繁殖的水吉水仙、福安大白茶和政和大白茶等，主要产品有白毫银针、白牡丹等系列产品。

位于潭阳东隅、南浦溪畔的漳墩是贡眉白茶的发源地。据《建瓯县志》载："白毫茶出西乡、紫溪二里……广袤约三十里。"紫溪里即今漳墩镇。此地青山环抱，四野碧绿，云雾缭绕，使得白茶叶质柔嫩，秀长挺拔。

小白干茶

叶底

据史载：白毫茶最早是清朝乾隆三十七年由居住在漳墩南坑的显赫人家肖苏伯（肖乌奴的曾祖父）和肖占高的父辈创制的。当时是以当地山野菜茶幼嫩芽叶采制而成。此种未经过发酵的茶因得风日之宜，雨露之润，使得茶叶外形毫心肥壮，茸毛多而洁白，叶质柔软，干茶色泽翠绿。冲泡后，毫心与嫩叶相连，绿面白底透着银光，白得透明，白得纯粹。因披满白毫，茶商便称其为"白毫茶"，又因出产南坑，故又俗称"南坑白"。此茶品饮时顿感滋味清凉醇爽，香气鲜纯，有别于绿茶、红茶。该茶于清乾隆五十二年之后销往西欧、东南亚市场，大腹便便的皇室宗亲、商贾财主饮之后，不仅口齿清爽，醒脑提神，还觉此茶有着减肥刮肠之功效，便视之珍宝，争相竞购，使得"南坑白"茶价直飙上升。朝廷官员闻悉后，亦感此种白茶味道清香，其形因披满白色的茸毛，状如寿星的眉毛，因而称曰"寿眉"，便将索购的"南坑白"进贡朝廷。

上乘的"寿眉"便改称为"贡眉白茶"，深得朝野上下垂青。新中国成立后，在1984年安徽举办的全国名茶鉴定会上，贡眉白茶被评为中国名茶，从此披上国字号的金招牌。

优质的贡眉白茶，为一芽一叶制成。每当春和景明时节，待深山里的小白茶次第伸出绿芽嫩叶时，当地的畲族姑娘便开始采摘。摘茶需等清晨露水刚净，摘茶时需两指掐芽，切勿一把撸下。摘下的茶青按两斤一筛晾干，而后再并筛烘焙。制成的贡眉白茶，披满白毫，白如雪，白如玉。陪同在座的镇党委书记蓝长柏亲自为采风的文友泡茶。他说："泡贡眉白茶切忌用沸水，以水温 80℃为宜。皆因不让汤茶营养损失。"俄顷，只见鲜嫩的茶芽在水中升腾起伏，茶汤晶亮发光，汤色杏黄。第一泡，毫心相连，淡雅清醇；第二泡，毫叶升腾，幽香渐出；第三泡，嫩芽翻滚，唇舌甘冽；第四泡，毫叶下沉，茶香浓郁。在旁内行茶人补白道："如用大白茶，至多三泡则索然无味。唯用贡眉，才能多泡而不失味。"

贡眉以其醇厚之气质、纯白之韵味愈来愈被世人垂青。藏在深山人未识的少女，终将揭开神秘的面纱，惊艳在大众面前！

（范范，《福建乡土》2015 年第 4 期）

清新淡雅水仙白

杯中的茶汤氤氲，升腾出淡淡的花香，轻嗅盖香，脑海中似有山川丘壑显现，缭绕的茶烟，将四下装点得犹如仙境般，一弯碧泉将空灵山涧，勾勒出一幅清淡的泼墨山水。作为一名建阳人，我对水仙白这种茶有种自然的感情联结，它清净安详，清新淡雅。

水仙白，顾名思义是用"水仙"这个茶树品种所制的白茶，和小白茶一样，是建阳传统白茶的代表。以福建水仙茶品种一芽二三叶为原料，采用建阳传统白茶加工工艺，不炒不揉，自然阴干而成。这使得水仙茶青的水分从叶脉里头慢慢散发出去，经时大约 60 小时，青叶里内含物质经过缓慢的氧化，所制成品水仙白外形叶张肥嫩，芽叶连枝，出来的茶汤醇度、厚度和回甘都很好。

建阳白茶约在清朝乾隆三十七年至四十七年（1772—1782），由肖乌奴的高祖创制。早期白茶是以当地菜茶幼嫩芽叶采制而成，后在道光初年，水吉大湖岩叉山水仙茶树被发现，被用于制作各类茶叶，同样也被用于制作白茶。但遗憾的是，抗日战争期间，海运阻断，福建白茶产量锐减，至新中国成立后，生产恢复，白茶才得以重新发展。如今，建阳所产的白茶数量极为稀少，水仙白更是难觅踪迹。

或许得益于建阳的"钟灵毓秀"，八百年前，朱熹将他造诣高深的理学文化挥洒建阳，曾一度使"海滨邹鲁""南闽阙里"成为我国东南文化中心。或许得益于建阳的"文风昌盛"，宋代以来，历经元、明、清初，建阳的麻沙、书坊曾是全国三大雕版印刷中心之一，出版的书籍播及海内外，被誉为"图书之府"，书香弥漫建阳。或许得益于建阳的"人文荟萃"，朱熹、宋慈、蔡元定、刘火侖等人才辈出，这些掩藏在建阳小城深处的历史挥发进了茶香深处，使其生长得越发灵性，填满每一处缝隙。

提壶沏茶，轻品一杯水仙白，它的香气浓高持久，拥有水仙品种独有的香气，清新淡雅，汤色杏黄而明亮，细品茶汤，滋味浓醇，如山泉过喉的清甜，回味透香，呼吸之间仿若来到充满恬淡诗情的空谷，幽谷仙韵久久萦绕舌尖，竟回味出一丝朱熹理学的气韵。

（张丹丹）

新芽

白茶：家的味道

掀开茶碗盖的瞬间，一股熟悉的味道扑鼻而来。啜一口，反复咂摸，啊，米汤香！

好生奇怪，建阳漳墩白茶怎么就香出米汤味了呢？就像当年正山小种桂圆香一样的不可思议。

米汤香，亲切的香，那是家的味道。小时候，总能看到妈妈在热气腾腾的灶边，一手扶锅铲在锅里搅拌着，一手持笊篱捞起白花花的米饭，浓浓的米汤香和着白白的雾气在厨房里氤氲、弥漫。吸吸气，就能让人口水滴答。饭捞好后，用锅铲敲几下笊篱柄，洒下的饭粒与锅底的米汤焖出的稀饭稠香稠香的。有时，妈妈把稀饭冲入刚刚打花的鸡蛋中，再加些冰糖碎，就成了一碗上好的补品，那是给强劳力爸爸

小白

吃的。当然，爸爸总是舍不得吃完。于是，我和弟弟也能喝上这又香又甜又补的
蛋羹粥。更多时候，米汤是和盖菜一起煮，米汤的浓香加上青菜的清香，把我们
的肚子吃得滚圆滚圆的。离开乡村，也远离了米汤，那种香味只偶尔出现在梦中。
想不到，今天一泡茶，又让我重温了米汤香。立刻就爱上了漳墩白茶，这是继正
山小种之后的又一个至爱。

白茶是六大茶类之一，主要产品有小白、大白、水仙白。而漳墩有 200 多年
生产历史的贡眉、寿眉，为全国独有白茶品种。去年夏天，因为好奇有"贡眉""寿
眉"之称的白茶，特意到漳墩探访。临近中午，见陆陆续续有村民挑着茶青回来，
她们把茶青晾在自家空房间地上或竹筛上，让它自然干燥，不炒、不揉，这样茶
芽上凝聚日晶月华的须毛成功地保留下来。并且因为住"家"几天，此茶既有天
地精华的香气又染了人间烟火味。也许，这就是我能从白茶中品出米汤香、家之
味的缘由吧。

萎干后，茶农再把茶青卖给茶厂，经轻度发酵，制成天然素雅、满身披毫、
馨香清纯的像老寿星眉毛样的白茶。早年，漳墩白茶是贡茶之一，所以"寿眉"
又称"贡眉"。寿眉白茶由南坑肖氏创制于清乾隆年间，如今畅销德国、日本、
印度尼西亚、新加坡、马来西亚等国。白茶因为没有经过炒制，所以性凉，有清
心明目、清热解暑及解毒之功效。建阳本地有用陈年白茶治疗小儿麻疹、发热的
习俗。近年来，有专家研究说白茶能防癌、抗辐射。白茶是一种微发酵茶，加工

工艺自然，所以茶多酚相对损失少，保留的有效成分比较多。

前些天喉咙痛，我用温凉的白茶调蜂蜜，先含再吞，居然好了。此灵感来自妈妈的验方，妈妈用一种叫马兰灿（音译）的青草，捣烂后泡第二道洗米水，含服，能治喉咙痛。我想白茶性凉，应该可以替代马兰灿，其中的米汤香与洗米水关联，而蜂蜜也有抗菌消炎、促进组织再生的作用。这一改进的验方，还真让我蒙对了。

以前，妈妈劳作回来总会带些草叶藤根，用来防头痛脑热，曰看家；如今，我不认得青草药，就让白茶帮我看家吧。

（曹长美）

（三）政和白茶品茗记

百年茶俗新娘茶

端午新娘茶，是流行在政和高山区杨源一带的独特风俗，已被誉为高山茶道。

"端午到，新娘闹"，说的就是"新娘茶"，又称"端午茶"，相传这是当地群众为纪念古时一新婚青年在端午节前一天勇除作恶的蛇，而摆设的敬新茶席。在每年庙会的前一天（农历五月初四），凡村里在此前一年内娶媳妇的人家，都要备办各种蔬果摆"茶席"，招待乡亲，谓之请新娘茶，客人可随意到各家赴"茶席"而不必带任何礼物，喝完茶后主人要赠送每位客人一条九尺九寸长的红头绳，以示吉祥平安、幸福长久。

端午新娘茶在杨源等几个乡镇流行。据考证，这习俗起自唐中叶，先在富人家流行，宋时得到发展，成为民间普遍的习俗，经明清完善，延至今日，是民众喜爱的传统礼仪。

悠久的历史文化形成了我国丰富多彩、南北各异的民间习俗。进入现代社会，随着社会和经济的发展，一些古老的习俗逐渐消亡，而有些习俗却深深地在民间植根，得以延续。至今在偏僻的政和山区杨源一带山村流行的端午新娘茶，不仅仅是一种习俗，更是一种茶道文化在民间流行的遗存。透过这一古老习俗，我们更可以看出山乡人民古朴忠厚的情感，以及他们和睦相处、互相帮助的融洽人际关系。

端午新娘茶特定时间是端午节前一天，平时非端午时节，这里的村民串门聚在一起，也是一壶清茶几碟干点或者咸菜，只是喝茶的人员少，茶点、茶配没那么多。但是，这一由端午新娘茶衍生的高山茶道文化，更是深入民间，非常流行。

端午新娘茶及高山茶道文化，流行区域属于高海拔地区，这里山高水冷，但是民风淳朴，尤其是这里的火山岩地貌，孕育出的高山小种茶清香甘甜，为新娘茶的流行，提供了最好的材料。

新娘茶在每年的端午节前一天举行，这时候外出的亲朋好友都回家过端午，邀请到家里，喝一杯新娘茶，沾沾喜气，也是大家津津乐道和喜欢的一件事情。

天时地利人和，新娘茶得以流行千百年，并由端午新娘茶，逐渐衍生到平常时间的家家户户，亲戚来临或

政和新娘茶

者邻居串门，也要沏一壶茶，摆上茶点，围桌而饮，形成高山区独特的高山茶道文化。

"新娘茶"，其实是一种以茶代酒的宴会方式。茶宴尤其讲究品茶和配茶。茶叶是特制的"清明茶"，泡茶的水是专门从山涧或古井取来的凉水，并用陶罐来烧。烧水的方法是，用火钳夹住陶罐放在灶膛里烧，水烧开后，现冲现泡。泡茶有三种：冰糖茶、清茶或蛋花冰糖茶。配茶的佐料有甜食、咸食、瓜果等多种食品。甜食以糖醋姜片、糖拌地瓜干、芋丸、南瓜丝为主；咸食有茄咸、菇咸、笋脯及各类腌、

糟的萝卜干、蕨菜干等；瓜果类有炒黄豆、南瓜子、葵花子、锥栗等。

平时这里人喝茶，茶点稍微简单，三五样即可，以干点和咸菜为主，一般不炒热菜，除非有贵客。

新娘茶的茶配数量越多，越能显出主人的热情及新娘子的精巧手艺。

"绿的是清明茶，又长又白银针茶。叫声我的哥呀，我的哥来，卖了新茶备嫁妆。"——政和茶灯戏。

（周元火）

茶之白

阳春若花，茶白似雪。

开水压抑不住春天的热情，冲入诚实透明的玻璃杯子，静卧的白茶突然神奇般醒来，束束茶芽争相跳跃，毛茸茸毫光晕眩人们的心神，而甜甜的清香刹时痴醉了一片。那旋转升腾的毫心，宛如闻曲起舞的佳人，裙袖生风，多情饮者便会品出诗一样的温柔；那瞬间冲上的毫锋，又像众多勇士仰射的银箭，冷然有声，自强饮者当然联想到了疾风劲草。

茶可以绿，可以红；亦可黄，亦可黑。可是政和茶竟能白，白得茶王国"六宫粉黛无颜色"；白得茶界泰斗张天福也欣然命笔，"政和白牡丹名茶形色香味独珍"；白得百姓千年传唱，"嫁女不慕官宦家，只询牡丹与银针"。白茶的芽茶，状如银针，通体身披白色茸毛，故称"白毫银针"，白茶的叶茶，一芽加一、二叶，银白的毫心与绿叶相衬，形似花朵，人们用"国色天香"的花王呼之白牡丹。白茶形神兼备，秀外慧中，以其"清鲜、纯爽、毫香"独立于世。

银针牡丹，阳春白雪。有人把白茶喻为银，当做玉，看似花，疑如腴，还有"雀舌鹰爪"之说。我饮白茶，耳边却总响起那首古代名曲，那首天籁之声。白茶的高贵品相来自皇家的赞誉。"宣和殿里春风暖，喜动天颜是玉腴。"那位历史上委实没有多少作为的宋徽宗，倒为政和做了天大的茶事。他把自己的年号赐给当时是关隶县的政和。皇帝因茶而给一地取名，全世界大概找不到第二个了吧？政和白茶可以说是价值连城。

政和白茶的高贵品格凝聚了青山绿水的厚爱。横贯全县的鹫峰山脉，挡住了

山场 / 杨丰供

西伯利亚的寒风，又挽留住了从东南沿海来的湿润，还造就了高山和平原独特的二元地理结构。境内群山耸峙，峰峦竞秀，云雾缭绕，一河向西的星溪流水更是滋养繁育出国家级优良茶树品种政和大白茶。

政和白茶高雅韵味还源于独特的加工工艺。一般来说，制茶不是像红茶、普洱和乌龙茶那样让茶叶发酵或半发酵，就是如绿茶、花茶大火炒青，而白茶是轻微的自然发酵。在晴好的天气条件下，将一芽或一、二叶芽，置于通风的茶楼里晾青萎凋，达到八九成后，进行烘干，然后精心挑拣，再稍加复烘就成了政和白茶。

白茶自然朴素，冰清玉洁，似雪像冰如云。揣摩白茶之道，总会让人联想起政和"云根书院"那一历史去处。有人这样描写那个地方："有源水自云中出，不夜珠临沼上来。满院清辉游月爽，被襟直觉远尘埃。"也就在政和得到新县名的第八年，朱熹的父亲到此为官，职务是相当于现在的公安局长，但他却谨遵父教，一心办学，一连创建了两所学校，首开政和兴学教化之风。朱熹的父亲把政和看作自己的第二故乡，到他处任职避难还举家返回政和，也就是那年在政和孕育了

紫芽精舍 / 杨丰供

朱熹。朱熹的祖父祖母百年都归葬于政和。隐约之间我总感到朱熹父子一定饮过政和白茶。他们都是爱茶之人。朱熹父亲吟诵政和的诗作中就有"为问脱靴吟芍药，何如煮茗对梅花"之句。朱熹出生时，亲朋好友中就有人以茶诗唱酬祝贺，朱熹一辈子更是茶事人生。茶叶从种植到品赏，他都一一亲力亲为过。他的最后一幅题字，因为当时处境艰难不便冠以真名实姓，思来想去最后以"茶仙"自况落款。更重要的是白茶性理和朱子生态理论十分契合。朱子生态强调人和自然、人和人之间，人的内心的和谐统一，和谐共生。朱子"天人合一"主张，"仁"的思想，"生"的观念，"和"的范畴，众多思想都能从白茶中品出其味。政和白茶讲究的是自然天然、不偏不倚、不浓不淡，浑然一个自然之茶、中庸之茶、和谐之茶。过去我总不解朱子父亲创办的书院为何取名"云根"，细细品饮政和白茶之后似有所悟。

饮用白茶不仅拥有文化上的愉悦，还是一种健康的时尚。白茶原料十分讲究，茶农有九不采的规定：雨天不采，露水未干不采，细瘦新梢不采，紫色芽头不采，空心芽不采，损伤芽头不采，虫伤芽头不采，开裂芽头不采，畸形芽头不采。由于自然萎凋，既不破坏茶叶酶的活性，又不促进氧化作用。人们评价它不仅有生津止渴、去热降火功能，还有解毒、止泻、降血压、抗辐射、抗肿瘤的奇效。已故著名茶叶专家陈椽在专著中写道："政和茶叶种类繁多，其最著者首推政和白毫银针，远销德国、美国，每年总值以百万元计。"一直以来，政和白茶的产量和出口交货量占全国白茶中一半以上。

政和白、中国白、世界白。政和白，纯洁之白，动心之白。天下之君，不妨以此当酒，浮一大白！

（张建光）

（四）2019年春福鼎寻茶记

福鼎白茶的美好已世人皆知，品牌效益更需好的品质做支撑。2019年新茶市场如何？可否充分利用审评技术寻到好的老茶？我们满怀期待组团前往当地。

白茶萎凋设备

第一站：新一代茶人代表 × ×

惊艳到的是店家压箱底的 2001 年茶饼，铁饼压制十分紧实，从茶汤滋味、叶底来看属做工很纯的茶。汤色透亮不浑，滋味木质味还有饱满度，叶底越泡越活。

遗憾的是这茶非茶家制作，仅是收藏，茶家本人的茶品都有些麻苦，味不纯，滋味不够细甜。尤其是那泡 2013 年牡丹，呈现出来的花香是介于青味高火焙所发生香气反映出来的，冷汤苦尾明显。这样的茶快速出汤是很具有欺骗性的。

第二站：龙头企业品品香

文化体验馆在白茶知识宣传上挺全面的。茶艺师应用定点注水法为我们冲泡 60 年代知青茶园的老树白茶，茶是好茶，滋味清甜茶汤杏黄。其冲泡手法也是可学可借鉴的，定点注水让浮在表层的干茶尚有部分未充分浸润，这样头 3 泡快速出汤后可延长茶叶的耐泡度，跟"缓释原理"类似。

第三站：鼎名茶厂

企业与正山堂的渠道合作打开新的市场，而制茶人在敏感地体会到白茶产品同质化与差异化时，自主研发了金花白茶，我们在这位原国营茶厂厂长身上看到创新求变的新趋势。当他谈及采青女工短缺、不好管理时表现出了无奈：白茶是

品品香白茶文化体验馆

轮采的，不及时采摘就长长了，就得浪费一轮的青叶。而且采摘女工不能按标准采摘。他们采取了固定女工与兼职相结合的方式，随天气、长势灵活调整。做好茶真是不易啊。

第四站：夜深好看茶，说的就是我们

来到第一代茶人张礼雄的工厂，科班出身的他管理严谨，不同山场不同品种归堆管理，

撒青叶

井井有条。审评中好的不予评价，就一些有争议的茶我们展开讨论，比如干条灰黑是否因干燥度不够时焖的？干茶有轻微的酒味，是当初堆青过程中过发酵了吗？特别是那泡大家感觉味浓强但又说不出哪里好喝的茶，再次轻泡有蜜甜，审评又带着夹青味。那是工艺上萎凋不够又过于长时渥堆造成的吗？谁说白茶好做了！

走访绿雪芽与品品香时，我们同时关注一个问题：仓储管理。比如一个大陶罐，封口怎么避免化学胶水串味？大厂采取宣纸包扎，既轻微接触氧气有利于后转化，又卫生隔尘。了解完几个品牌茶企的价格体系，大家都呼吁茶叶市场要健康发展还是必须以消费为主，适当少量理性存储，毕竟消费者无法建立严格的温湿度管理规范仓储。

有幸在一玩茶的朋友店里喝到方守龙2010年茶饼，干仓气息扑面而来，饼面光洁，芽毫显露，茶底转化黄褐自然。茶汤一泡淡黄，二泡金黄，三泡杏黄，不混不浊，透亮明净，入口爽喉，回甘无穷。这泡茶浓强且带鲜爽，是方守龙不变的风格，是他潜心钻研工艺下，在萎凋与堆青间找到的完美平衡点。我喜欢这

室外日光萎凋

样的茶人茶品，有他的风格印记，见茶如人。

最后一站：第一代茶人张郑库

他向我们展示了工艺的传承与创新。

最古老的匾筛萎凋室，爬高高撒青，一排排木扣诉说着先人的智慧；阳光萎凋室里介于萎凋槽的架筛热风萎凋机，将不同萎凋程度的青叶分层；而应对大型生产的全自动萎凋机更是清洁低碳、源于自然。张郑库总结了白茶关键工艺——

看茶做茶：白茶生产与天气联系十分紧密，采青、萎凋等均受气候、温湿度等环境的影响。萎凋过程需经萎凋、拼筵、拣剔、继续萎凋等步骤，要注意环境温湿度及叶态的变化，叶脉走水均匀及尾芽还阳，并细观叶芽的变化程度。在鲜叶萎凋和初焙、并筛复焙时，对不同天气下的茶叶采用低温烘焙制茶的手法进行通风、萎凋、干燥制作，还要根据茶叶的变化、萎凋的程度采取相应操作，以充分保留茶叶特质。

每次到源产地都是一次学习、交流的好机会，不仅有利于我的调研，更有益于技术碰撞、管理升级、市场定位分析等全面知识体系的提升。感谢每一次的相遇。

品味白茶

第三节 90后遇白茶

（一）陈皮遇白茶｜一人，一猫，一壶茶

暖阳总是偏爱南方，没有凛冽的风没有漫天的雪。

清晨的一缕阳光便是美好的开始。一声不应景的喷嚏把我拉回现实，暖阳偏爱的可不是我。晒太阳的懒猫竟然也学我打了喷嚏，好吧，暖阳也没有偏爱你。还是煮一壶白茶放一些陈皮，对自己好一点。

陈皮

新会是陈皮的道地产区，新会陈皮在历史上被定为贡品，享誉华南、港澳台，以及美加、东南亚等地，素有"千年人参，百年陈皮"的美誉。

在药用上，陈皮有理气、健胃、燥湿、祛痰的功效，常用于治疗消化不良，疏肝理气，化痰健脾。陈皮还能入食，粤菜调味、汤羹炖品、糖水、粥品之中，陈皮用以去腥提鲜，增添滋味。

高山茶园 / 高妙钦 摄

老白茶

"一年茶，三年药，七年宝。"经过时间贮藏后的老白茶，里面所含的鲜叶物质已经慢慢地转化为对身体健康有益的营养物质。老白茶的功效如下。

（1）白茶抗肿瘤、解毒、治牙痛，尤其是陈年白茶可用于患麻疹的幼儿，其退热效果比抗生素更好。

（2）白茶含有人体所必需的活性酶，可以显著提高体内酯酶活性，促进脂肪分解代谢，有效控制胰岛素分泌量，延缓葡萄糖的肠吸收，分解血液中多余的糖分，促进血糖平衡。

（3）老白茶含丰富的多种氨基酸，具有退热、祛暑、解毒之功。

（4）老白茶富含二氢杨梅素等黄酮类天然物质，具有较强的抗氧化作用。

煮茶方法

取老白茶 8 克（这里用的是 2010 年老寿眉），陈皮 4 克。

按茶与陈皮 2 ：1 的比例，可以更好地融合二者。

冷水煮开，静置 5 秒出汤，留些汤加水后进行第二次煮。

感官审评

汤色：茶汤金红透亮。

香气：粽叶香扑鼻而来，壶盖有淡淡的陈皮香气。

滋味：茶汤醇厚丝甜，生津止渴，既有白茶的醇厚又带一丝清凉之感。白茶的荷叶香气和陈皮的辛香各自分明却又相互融合，茶汤的滋味我中有你你中有我，绵柔至极。冷汤略带清苦。

饮用后便有微微冒汗之感，舌底生津。经多次煮饮，白茶和陈皮的味道都开始慢慢地变淡，剩下更多的是清苦的口感，淡雅清新。

功效说明

白茶与陈皮的汤水融合，入口醇滑爽口，生津止渴。兼具养生功效，秋冬饮用，可润肺化痰、理气健脾。两者搭配，不仅具陈醇茶香，又有清新陈皮香气，沁人心脾。

用壶煮饮效果更好、味也更醇，饮之口齿生津，可抗菌消炎、祛风寒，增强免疫力，保健功效十分显著。

人生如茶，甘苦各半。

茶如人生，浮沉相间。

如果你感到焦灼烦闷，不如煮一壶白茶放点陈皮，让自己归置为零，重新出发。

（二）夏天，就要来一杯冷泡茶

在骄阳似火的季节，在大汗淋漓的午后，需要一杯冷泡茶来缓解暑意。

冷泡茶，顾名思义就是以冷水冲泡茶。而此处的冷水并非指冰水，而是指凉开水或常温的矿泉水。

冷泡茶现在成了很多人的夏季新选择，但并不是所有的茶都适合冷泡。白茶工艺天然，一直有着解暑的功效，非常适合冷泡，其中白毫银针和白牡丹都是不错的选择。

《食品成分与分析杂志》上的一篇科研文章，专门研究了用热水或常温水浸泡各等级白茶对其抗氧化特性的影响。

迄今为止，对于冲泡不同温度和时间对茶叶抗氧化活性影响的研究还很少。但是近期通过对不同类型的茶（白茶、绿茶、黑茶、乌龙茶）的研究发现，白茶是唯一一个用冷水浸泡的茶汤却具有高氧化活性的茶叶。

冷泡五彩牡丹

采用 ABTS 检测抗氧化活性可以看到同样的趋势，所有冷水浸泡茶汤的抗氧化活性显著高于热水浸泡茶汤的抗氧化活性。其中冷水浸泡的白牡丹茶汤活性最高，其次是雪芽。

要将白茶抗氧化活性与品种类型、等级和地理区域关联起来是很难的，因为所有这些因素结合在一起以不同的方式决定了每种茶的属性。但可以确定的是，冲泡茶叶的水温会极大地影响茶浸出物的成分及其抗氧化活性。白茶冷水比热水浸泡的茶汤中有更多的保护性化合物，能够抵抗体外低密度脂蛋白的氧化而有益于健康。

血管壁上低密度脂蛋白的氧化被认为与动脉粥样化的形成有关，从茶和蔬菜摄入的类黄酮可能与降低冠心病的风险有关。由此可见，用常温水冲泡白茶作为日常饮品对于健康很有益处。

制作方法

白茶，冷泡之后能喝到清甜和略隐的优雅清香。方法也特别简单，只要直接往矿泉水瓶里加入白茶若干克，连水都不用烧就可以了。

（1）准备器材：茶叶（这里用了 2014 年雪梨香冷泡牡丹和 2014 年毫香蜜韵牡丹王）、凉开水、塑料瓶。

（2）凉开水跟茶叶比例约 50 毫升比 1 克，依个人口味增减。

（3）3—4 小时后，即可将茶汤倒出饮用，茶味甘醇可口。

（4）可放入冰箱冷藏或倒出加冰块，清凉效果加倍。

感官审评

（1）2014 年雪梨香冷泡牡丹

冰糖雪梨味的甘甜爽口，源自一壶冷萃白茶。

脚步匆匆，背包里总有一瓶纯净水塞几片白牡丹，伴我一路透心凉。

（2）2014 年毫香蜜韵牡丹王

干茶色泽浅黄，毫毛银洁，蜜香飘逸。传统炭焙工艺更为收藏珍选。

泡饮毫香扑鼻，如山泉水加了蜂蜜般，诉说着好白茶"毫香蜜韵"的本真。

让我们突破传统的喝茶法——冷泡法，冷泡白茶做起来超方便，关键还好喝！比那些糖分巨高的饮料健康太多了。这大概是夏天最棒的自制饮料了！清爽祛暑，让你喝出不一样的鲜爽甘甜。

（三）白茶的品评美学

白茶重在一个"雅"字。对于接触白茶比较少的茶友，可能觉得白茶味道淡，但是对于白茶爱好者则截然不同，淡非薄，香气滋味一个不少，或是新茶的鲜爽，或是老茶的药香让人不亦乐乎。若是懒洋洋的不想泡茶，煮上一壶老白茶，香气很快就在房间中散开来，加点陈皮或是红枣一起煮，又是另一番风味。

浓与厚，是我们喝茶经常容易搞混的一个概念。浓淡是指某种味的强度。茶汤的浓淡一般与投茶量、冲泡时间和水温等有关系。投茶量越大、水温越高、茶叶的浸泡时间越长等因素，都可以让茶汤变浓，但它只是增加其浓度，而不会增添其他味道。厚薄是茶叶内含物质丰富与否的反映。主要表现是茶汤进入嘴里，感受到茶叶内含物质丰富，析出丰厚的滋味，并且多种不同的味道和谐配合在一起，给人饱满厚实的感受。由此可见，茶汤的"浓淡度"和"饱满度"有着明显的区别，浓淡不代表茶叶的品质，但饱满则直接跟品质挂钩了。

我们常常把青涩青麻的茶误以为是厚、有滋味，其实不然。青涩青麻的茶往往会让我们觉得嘴巴张不开，是紧紧沾在舌头上的。耐泡度差，泡几冲就没有味道了。而真正有厚度的茶，其内含物质丰富

茶汤鉴赏

但浸出速度缓慢。这也是为什么白茶前几泡没什么味道，但却耐冲泡的原因，而且口齿留香，口腔都是淡淡的花香，茶汤虽淡，你却感受不到什么水味，有甜度，有香气，茶汤顺滑，有丰盈之感，像是有满满的胶原蛋白，汤色呈现饱和度极高，并且透亮。

我喜欢闲时读书喝茶，喜欢新办公点的这个落地木窗，"与谁同坐"，清风、明月、我。这样美好的时光，读闲书对一个工科生又是怎样的开脑洞。当我读《消费心理学》时，读到人们喜爱直接的感官冲击，尤其是快节奏的生活习惯，人们的审美只求"腰细腿长"，哪来得及欣赏那"腹有诗书气自华""岁月从不败美人"。当我读《中医养生学》时，读懂那部分买得起名贵茶的人群，熬夜、抽烟、喝酒，味蕾变厚、脾胃虚弱、肝胆经长期处于损伤状态，所以他需要麻涩的假浓度茶来唤醒自己，浓苦麻涩带来的强烈冲击感才能唤醒他迟钝的灵魂。当我读禅宗经典时，领悟"好茶只配有修为的人喝"。东方意象之美，朦胧婉约，唯有静下心细品，才能读懂茶汤里幽幽的冰凉感、老树的木本味、茶芽发芽时物候带来的大自然粉粉的花香。

假如把一泡好茶比作一件艺术品，那么品评过程就是鉴赏的过程，因为创作就是一个人在表达，欣赏就是一个人在回应，这个过程是制茶人与喝茶人的交流。它可以满足我们内在的心理需求，治疗我们的心理弱点，帮助我们更好地投入生活。

喝白茶要静得下来，否则难以感受到它的淡雅。它不像其他茶叶那么

读闲书的午后窗外美景

茶艺表演 / 李隆智 摄

抓人，尤其是岩茶，香啊水啊，抓得人直痒痒。白茶先是要细品，小口小口啜起来，或似某种花香，或似某种果香，幽幽的；白茶的甜是一入口就能感受到，一直到喉咙会有一丝一丝的甜，不腻，舒服得很。待了解这款茶的品性之后，大口大口喝起来最是愉悦，顺滑，甘甜，像是滑过山间的小溪。

　　以前见过这样一句话：白茶是什么味道？星垂月涌，山涧旷野，用月光和雪水煮茶，最后撒一把清砂糖。总觉得这是对白茶最好的评价，共勉！

老丛

第六章

收藏白茶

第一节　理性买茶

　　白茶，无疑是近年来茶行业最强劲的增长点。白茶品饮热潮正在举国上下持续蔓延，喝白茶已成茶友圈新时尚。资料显示，商品形态的白茶 1772 年诞生于福建的建阳漳墩，是传统的外销茶，至今已有 200 多年外销历史，转向国内市场十多年来，相当一段时间也是以外销为主，直到 2011 年白茶才真正进入国内消费者视野。之后，缘于各种合力推动，行业迅猛发展，每年都会涌现引人注目的新现象，秋燥时节，更是白茶行业备受关注的销售旺季。

　　现在白茶市场鱼龙混杂，以假乱真、以次充好的现象更是让爱茶人防不胜防。茶叶点评网再次亮剑，借你一双慧眼，为广大茶友梳理一套浅显易懂的干货体系。

（一）产区条件

　　背山面海：有极少部分产区如以霞浦等地为代表，吹着海雾的青叶制作出来

茶山

大沁知青茶园

太姥山茶园土壤

老丛茶园

的白茶带有点点不易察觉的海腥味，但不影响整体品质。

高海拔地：比如柘荣、周宁，常年云雾缭绕，叶片受漫射光影响氮含量升高，形成丰富的氨基酸，出来的茶品甘甜爽口。

峡谷山凹地：纵观福建地图，整个政和都是盆地地带，坑涧峡谷小山凹多，这里产的茶味醇厚，有内质。

烂石地：风化岩层较厚，如政和的镇前、福鼎太姥山，茶经说"上者生烂石"，茶树喜荫喜贫瘠，烂石地矿物质含量高，根系排水性好、虫害少。

（二）品种适制性

福鼎大白茶（华茶1号）：多茸毛品种，水中甜度较好，持嫩性好、产量高，芽壮色白，香鲜味醇。

福鼎大毫茶（华茶2号）：茸毛密度最高，所以茶汤甜度最高，氨基酸含量也是最高的，广受茶友喜爱。芽毫肥壮、白毫密披，色白如银。

政和大白茶：味浓醇，毫毛隔年呈灰色。

福安大白茶：味浓，茸毛疏密，存储到一定年限芽头显灰红，茶汤有微微酸梅汤味。

福云六号：从福鼎大白茶和云南大白茶自然杂交选育，适合做绿茶，味淡。

福云七号：主产于周宁、柘荣、寿宁等地，成茶与福鼎大白茶极其相似，审

菜茶鲜叶

福安大白制白茶

评对比味更淡些，存久后水会变薄。

本地菜茶：叶张较薄，叶面波纹隆起，香气滋味丰富度高，是贡眉专用原料。

安吉白茶：白化种，味汤鲜，但它是绿茶工艺有杀青，所以定义为绿茶。

景谷大白茶：乔木型大叶种，茶多酚含量高，味浓强，高香。与月光白是同类茶品。

花香白茶：多为乌龙茶青叶按白茶工艺制作而成，口感有厚度但久存味变薄。

福鼎大毫

福鼎大白

（三）工艺标准

纯日晒：你本人站在太阳下曝晒一天试看看，还真有太阳的味道。但这样的茶你敢喝吗？不怕中暑啊。白茶的秘密就在于最大程度保留酶活性，你还死晒。纯日晒指微弱阳光下！

纯阴干：南路白茶通常是室内阴干为主，但遇到湿闷天容易霉变，因此他们通常用炭火干燥以达到含水率国标。

晾晒结合：做好白茶就得是辛勤的蜜蜂，搬进搬出不停地折腾。老一辈制茶师要求气温在30℃时日晒只能15分钟，一般在25℃时日晒1小时就得搬进室内，所谓利用微弱的阳光萎凋就是这个道理。同时还得讲究并筛萎凋，达到味醇厚、走水均匀的目的。

开筛

摊晾

温湿度记录

鲜叶摊放

白茶阳光萎凋房

萎凋槽：科技在进步，萎凋槽已广泛应用于生产。通风控制得好，做出的茶品也不差。

现代一体机：大型工厂有见此设备，干茶色泽均匀统一的多为一体机成品。制成的茶口感稳定、无明显偏差，你担心的青臭味、青草香它都不会有。

（四）好茶共性

不苦不涩：萎凋不到位、走水不干净的茶，自然是苦尾涩口的。好茶要入口即甘，那些说什么不苦不涩不是茶的人，给你个黄连再喝口水那也是能回甘的。

有香有水：茶汤用凉白开稀释后，啜一口吞咽入喉，停留在口腔的甜度与花香，体

福鼎茶芽

现的是茶的可浸出物丰富度。你能体会到新茶的毫香、甜花香、清花香，再到叶子茶（寿眉）存放三五年后转化的荷叶香，白牡丹茶转化的梅子香和杏仁香。

耐泡：春茶原料、工艺到位的白茶10泡没问题，尾水还有茶香茶味。

香幽水细为上品：细幽的雪梨香、冰糖甜，陈年白茶的顺滑甜糯，具备这样品质特征的方为上品。

2012年荒野牡丹干茶

2012年荒野牡丹叶底梗皱

陈牡丹汤色

（五）审评六剑

白茶以三年为界，三年以上才称得上老白茶。而做旧茶的所谓"做旧"，就是一些不良商家想要投机取巧赚取暴利，将短年份的新白茶，通过喷水、高温加热等手段制成"老白茶"。外表上观察，其与存放年份较长的老白茶较为相似，且经过高温烘焙，发酵程度较高，口感细微醇厚，而其内含物质并没有参与此消彼长的转化过程，而且与白茶轻微发酵的本质背道而驰。那如何辨别做旧白茶？

首先要卫生干净，没有霉变的味道。从口感上来讲，好的白茶茶汤永远是细滑顺甜。在这里，给大家总结出以下辨识做旧茶法宝。

看外观

一般情况下，老白茶会被压成茶饼或茶砖，当我们拿到茶饼（砖）时，首先观其外表。真的老白茶，由于陈年，其外表被氧化，整体会呈现暗色，但色泽均匀。而做旧的老白茶，往往色泽不统一，有些地方呈暗色，而有些地方又发亮。

从干茶的颜色上看，老白茶是"五颜六色"的，茶毫会转化为银灰色。未充分转化的叶子为绿色，转化的过程中呈褐色、黄色，深度发酵后则呈黑色。若是单一的褐色或黑色，则大致可以判断为经喷水后再高温发酵的做旧茶。

撬茶饼

真的老白茶，茶饼撬开后的茶叶与未撬开时的表面是统一的。假的老白茶，往往是表面发酵做旧，而撬开后，里面却是完全不一样的外观和色泽。

观汤色

真的老白茶，冲泡出水后，汤色呈黄色或琥珀色，年份越长汤色越深，但无论如何，色泽都是透亮鲜明，丝毫不浑浊。而做旧的发酵后的老白茶，尤其是已经变质的白茶，汤色往往浑浊不堪。

2020 年荒野牡丹干茶

2020 年荒野牡丹叶底

杏仁黄汤色

白茶叶底

品茶香

真的老白茶，会有一股浓浓的药香，闻之沁人心脾，随着年份的增加这股香味会逐渐加强。茶汤入口，甘甜生津，药香融入柔滑、黏稠的汤液中，经由喉咙直击心窝，回味无穷。而假的老白茶，闻起来除了一股发酵后的茶汤味之外，别无其他。

从口感和香气上鉴别，白茶讲究"毫香蜜韵"，3—8 年的白茶有荷叶香，8—15 年的白茶有枣香，15 年以上呈药香。陈年老白茶有其独特的香气、醇厚而顺滑的口感。抿上一口茶，茶汤滑过口腔后，就能感受到甘甜的滋味在口腔里蔓延开来。如果只有陈香却没有其他香气，口感滋味接近普洱茶的平滑，那就很大可能遇上假的陈年白茶了。

耐泡度

真的老白茶，泡过十几泡之后，汤色和味道依然不比初泡时差多少。而假的老白茶到了十几泡之后早已索然寡味。

真正的老白茶口感滑、甜感足，杯底香气扑鼻。8 年以上的老白茶，冲上 10 多泡还是很有味道。如果冲泡三四泡后，就已经没有茶味的老白茶，也大致可以判断为做旧的。

辨叶底

真的老白茶，即使是陈期 10 年以上的，经过多次冲泡后，叶底仍然可以看到棕色。而假的老白茶，有些因为发酵过度，冲泡后的叶底往往呈黑色。

通过自然氧化、缓慢发酵的老白茶，叶底经脉走水清晰，有活性。而后期加工、

妈祖平安茶评选

白茶鉴赏（上海站）

做旧的白茶脉络不清晰，用手一捏就烂掉了。

以上几招就是辨别真假老白茶的"六脉神剑"。上述几点须全部满足，才算是真的老白茶，有一点不满足，就可推翻全部。

其实，这些步骤看起来是分离的，在实际鉴别过程中，往往得相互结合，反复比对，才能练出火眼金睛。

第二节　智慧收茶

　　"一年茶、三年药、七年宝"，说的就是老白茶。白茶健康养生、清热解毒、三降三抗的功效已逐步被人们所接受，于是乎广大茶友皆有心进阶为"藏友"，收点好白茶等老了以后喝。广大茶企也相应推出"满月茶""毕业茶""新婚茶"等，好似一坛女儿红，陈到一定年份满满的岁月沉香记忆。于是乎广大茶友每到茶季便蜂拥至原产地，生怕错过什么好茶，又或是想到老农家捡漏。

　　以下是我们多年的评茶收茶经验，共勉之；也欢迎茶友们寄来藏品，交流鉴赏之，我们一定给出客观翔实的评茶报告。

（一）相信原产地

并不是所有原产地都是便宜茶

　　（1）土豪级：自己去搞茶山茶厂做茶，自己做的总错不了。

　　曾经有位在上海做会所的姐姐，拿出自己在武夷山天心村包了40亩茶山，

磻溪茶园

有机茶园

与当地人合作的茶厂生产的茶品给我喝，酸麻苦涩百般滋味，咽不下啊。天心村的茶山多是正岩核心区，但口中茶汤滋味寡淡，工艺糊涂，香气滋味杂乱，实在不敢确认出自天心村。

深聊之下才知道姐姐已花费三四百万，到手的茶品依然不尽如人意。

（2）认识村长：领导介绍的肯定错不了，领导喝的好茶多、水平比我高。

我不得不告诉你，领导喝的多是商品茶，不具备原料纯料识别度。他所介绍的村长要带领村民致富就得大干快干，如何引导大家管理茶山，如何分工协作发挥各家所长倒是村长的能耐。至于具体到你要收的茶品质如何，村长做不到啊。

（3）货比三家。

稍有经验的省外茶店到原产地，那可比我们还门清，福鼎有几个重点产茶镇，磻溪镇哪段路上茶山最陡，点头镇哪家店小吃最具特色？每年他们往往驻扎福鼎20天左右，相当于一个茶季，从做银针开始就来了。

（4）各种搞事。

有些是带茶艺师来拍美照的，晒个朋友圈对自己的客户有交代：我做茶是认真的，我年年都来原产地学习交流。茶山这么美，跟着我喝茶就都能过上砍柴放马的世外桃源生活啦。

有些则是极其老练地挨家走访，既把以前的采购方掏个尽，又渴望发现新秀，一家家审评下来，把自己觉得可以的抄个价格、拿个样品回民宿里集中审评，再找准性价比高的去组团砍价。

重点是你到原产地真的就能买到便宜茶吗？对方是你亲爹啊？凭什么给你便宜茶。你这般土豪地炫，对方不恶意加价已是良心。你收了一堆茶兴高采烈回去，默默对比一下本城几家茶馆，怎么价还高了呢？

并不是所有的茶都能转化出好品质

要想老茶转化出好品质，前提是本身就好。什么样的茶才叫"本身就好"呢？

（1）必须是春茶原料。经历一个冬眠期，养分最高的时候制作出来的茶，其氨基酸、茶多酚等内含物质也是最高的。

（2）必须是萎凋到位。你看到晒大街的，晒红变的，你大可问问他什么叫"萎凋"？

小·贴士：《中国茶学词典》对萎凋的定义

鲜叶脱去部分水分及促使叶内化学成分变化的作业，是制作白茶、红茶和乌龙茶的第一道工序。鲜叶失去一定量的水分后，叶质变得萎软，呼吸作用加速，产生热量，叶细胞膜透性提高，酶的活性增强，发生以下一系列生物化学变化：

"蛋白质水解，氨基酸增加；淀粉、双糖减少，单糖增加；原果酸减少，水溶性果胶增加；茶多酚有少量与蛋白质相结合，有少量被氧化，水溶性茶多酚有所减少；叶绿素受到破坏；维生素C在抗坏血酸酶的作用下氧化分解而减少；有机酸中的水溶性草酸、琥珀酸、柠檬酸及无机酸中的磷酸增加，叶细胞汁酸度提高；芳香物质有所增加，特别是具有花果香气的橙花醇、沉香醇氧化物、反 -2- 乙烯酸、苯乙醛增量较多，羰基化合物大量增加，使萎凋叶具有香气。"

（二）心灵体验的满足感

我看着他做的，肯定能出好茶

青叶你能看得出哪个是华茶 1 号、哪个是华茶 2 号、哪个是福云六号吗？

你能看出具体萎凋失水到什么程度就开始有氧化的？

你能看出什么时候并筛最合适吗？还是他根本没有并筛，只是简单的堆青而已？这里头并筛的学问可大了，并筛是为了促进氧化，以利于内含物的转化，增加滋味的醇厚度。

我亲自收的，肯定错不了

请问你是怎么收的？

朋友的亲戚自己有茶山、自己有做茶。你能保证买到的就是品质优异的？你要关注的是最终审评结果。

我这款茶拿到好几个茶店跟茶友一起喝了，都说很好。你说的好，参照物是对的吗？跟你说个溥仪的故事。故宫修复时请溥仪去看看，溥仪说总感觉不对，但不知哪里不好，反正跟我以前住的地方不一样。所以呢，参照物很重要。

（三）收茶秘诀

首先审评基础要夯实

你是怎么辨别？

介于萎凋不到位的生青与新茶的青花香？生青味带来的冷汤汤感苦涩麻，而青花香的茶汤是甜的。

介于过发酵的湿焖与熟果香？工艺做得好的白茶也会有果香，比如雪梨香，如果是湿焖做旧茶，它的汤水是浑浊不够透亮的。

高焙火带来的汤水粗涩与醇厚度？高焙火的茶往往耐泡度不高，三五泡后滋味寡淡。

自然转化与新旧茶拼配的叶底花杂？有人说做旧茶叶底色泽较均匀，都是黑

点头镇茶市青叶交易   收青

糊糊的。而自然转化的茶黄绿相间，还带浅褐或灰黑。而新旧茶拼配呢，主要看滋味，是一路甜醇耐泡还是淡薄无味。

只重产品，不轻信文化

"纯日晒"：好的萎凋工艺应是晾晒结合，纯日晒早就把活性酶晒死了，哪来的黄酮物质？

"古树茶"：老到几岁算古树啊？茶是没有年轮的，你能判定茶树几岁吗？

"非遗大师茶"：你确定是大师本人所制？你知道"非遗评定体系"是怎么建构的？

"窖藏酱香"：你以为是老酒啊，你看看国标茶叶仓储规范、湿温度环境要求。

对市场信息足够了解：茶青价格、年份辨别

据福鼎市点头市场收购者的经验，2014年和2018年青叶价格最高，那么你是否需要拉个品牌价格指数表来横向对比呢？

（四）评茶智慧

看茸毛品滋味

审评老白茶，首先看茸毛排序、色泽就知道是不是大白、大毫品种。用火功做旧的绿茶变身，没有毫香里的氨基酸鲜甜味。

做旧的老白茶汤色浑浊，木质味很湿重，泼热水出馊味，便是高火焙的。这种茶没有内涵。而另一种是潮霉味的，冲泡表现为臭脚丫味。

贵的不一定好

朋友到福鼎走一趟，原产地带回来的银针价格从 580 元到 1000 多元，审评后发现 580 元的最好，为什么会这样？

原来农民只是按当天青叶成本来计算销售价，比如昨天青叶成本是 480 元，而今天降到了 390 元。

通过审评，却发现今天茶青虽然 390 元，但是天气好、制茶状态佳，390 元的反而比 480 元的更好。因此说，审评是在垃圾堆里捡金子。

不同年份白茶审评

多方法审评

喝茶一遍就能喝透的都是神仙。品评老白茶应该用不同的方法去尝试，这样得出的结果会更准确和完整。一遍喝不懂喝两遍，热的喝不懂喝冷的，浓的喝不懂稀释喝。

不以意志为转移

有的人说老白茶酸，高浓度的蜂蜜也会有酸，稀释后却极度甜。不要只看表面现象，而是要透过现象看本质。

比如在吃完辣后马上喝茶便会感觉涩，舌苔厚；比如临近饭点，喝新一点的白茶会感觉胃亏空，再喝点中足火岩茶又感觉有所缓解，这都是因为空腹，而不是说茶本身做不够到位，是外在条件不充分。

茶不要以你的意志为转移，要客观评判—初步进入—迷茫修正—拨乱反正—提升。目的虽有，却无路可循，我们称之为路的，只是彷徨而已。

（五）转化因子

都说白茶是"一年茶、三年药、七年宝"，白茶有越陈越香或是老白茶保健功能更好的概念。拥有老白茶的捷径是掌握白茶的品性，学会自己储存。并非所有的白茶都可以在贮藏后成为高品质的老白茶，而是在优良新茶品质的基础上，加上科学的储存方法，才可形成高品质的"老白茶"，所以茶人们越来越倾向于收新茶，再自己存储。

但是问题来了，新茶品质不够稳定，当时去收购的时候，茶叶喝

白牡丹干茶

茶饼

煮茶

着还不错，怎么过了一年水就变薄了？新白茶刚焙完，里面还有火，若是萎凋不足，新茶带有青草气，这个时候喝到嘴里，容易误解为假花香，等火褪掉，水也就薄下来了，所以这也算新茶的一个小坑。建议大家可以从两年以上的白茶开始收存。

还有一个容易忽略的问题，便是茶叶浓度的问题。当然，浓度越高越好。白茶在存放过程中，一些物质会发生转化，最基本的便是对物质基础的含量及比例有要求。若是茶叶中浸出物浓度不够，经过长期的转化，茶汤滋味也会变得淡薄。

茶多酚及氧化物

这些物质与茶叶滋味、汤色的关系最为密切，它的含量多少决定了茶汤的汤色、滋味和浓度。白茶在储藏过程中茶多酚继续被氧化、聚合形成茶黄素与茶红素，再进一步氧化形成茶褐素等物质，使白茶汤色加深。

氨基酸

茶树中氨基酸多集中于嫩梢中，老叶含量低。在存放期间，游离氨基酸会和儿茶素反应形成"老白茶酮"类物质，也就是我们常说的老白茶具有保健功能的物质。同时，氨基酸在一定温度条件下还会氧化、降解和转化，储存时间越长，氨基酸含量下降越多，茶叶收敛感降低。

茶汤美

香气物质

　　白茶的储存时间对茶叶香气成分有很大的影响，含量会发生明显的变化。随着储存时间延长，茶叶香气中的成分含量会发生改变，有的香气成分会减少甚至消失，如醇类化合物均有不同程度的降低，其他香气成分如花果香型的芳樟醇及其氧化物，有微弱苹果香气的苯甲醛，具有柔和玫瑰花香的苯乙醇等白茶中的主要香气成分降低或是分解，使白茶清鲜、毫香感逐渐减少甚至消失。但有的香气成分含量会增加，如碳氢化合物，特别是烯类有不同程度增加，这可能是白茶贮藏陈化过程中的一个特点。烷烃类物质虽无芳香气味，但可能是通过与其他香气物质的互作效应从而间接促进香气的形成。

　　当然，浓度也不能仅仅看水浸出物，还要看各物质的比例结构，像夏茶，水浸出物含量也不低，但更多的是茶多酚和咖啡碱一类的物质，在陈化的过程中氧化，茶汤滋味变淡。

　　高浓度的茶，在日常品饮时可能会让我们误以为是青涩青麻。可以在喝一口之后，看口腔的状态，是否口齿留香，青涩青麻的感觉迅速散失。当然最直接的方式便是兑水，看看茶汤的状态，若是依旧苦涩，则是青涩造成的假浓度，反之则是高浓度。

第三节　科学存茶

（一）陈年白茶与新白茶

陈20年白茶的黄酮含量最高，达到13.26毫克/克，是新白茶的2.34倍。但其他内含物含量随着年份增加整体呈下降的走势。科学证明，白茶越陈越好是个相对概念，年份只是白茶价值的其中一个参考因子，品质仍然是白茶价值的核心基础。

2017年我参与了福建省科技厅的公益科研课题"福建陈茶的安全分析与功能检测"，我们在整个实验的过程中取了20年老茶的样品比对，得出以下结论：

（1）黄酮物质升高，其实是没食子酸含量在升高。也就是说，大分子物质会随着年份的增长慢慢转化成小分子的物质。

（2）蛋氨酸含量逐年升高。它能提高人体免疫力、健体补虚，对脂肪肝、酒精肝有非常好的治疗作用。

（3）可可碱在升高。它利尿、预防动脉粥样硬化。利尿所以排毒！

（4）老白茶煮的茶汤茶褐素增多。它具有抗氧化、抗肿瘤、降脂减肥等功效，被誉为茶中的脑黄金。

不同年份白茶的主要生化成分比较分析

样品	茶多酚（%）	咖啡碱（%）	氨基酸（%）	可溶性糖（%）	黄酮（mg/g）
高级白牡丹	22.70	4.28	3.90	2.74	5.67
陈1年白牡丹	21.40	3.63	3.89	2.76	6.94
陈2年白牡丹	21.22	3.93	3.67	2.51	7.65
陈3年白牡丹	20.23	3.49	3.81	2.70	5.95
陈4年白牡丹	20.23	3.70	3.80	2.69	6.04
陈20年白牡丹	8.20	2.52	0.32	1.96	13.26

（二）什么茶值得存放

好老茶的条件——好茶坯 + 好仓储。

张源《茶录》云：茶之妙，在乎始造之精，藏之得法，点之得宜……（藏茶）切勿临风近火。《茶疏》云：（置顿）必在板房，不宜土室。高濂《八笺》藏茶之法：两三日一次，用火当如人体之温。

原料

用来加工的白茶茶青必须是在具有优良自然环境的山场上生长，当年头采春茶内含物质最为丰富，茶树品种主要为福鼎大白、福鼎大毫、福安大白等，以不同的采摘标准而制作出不同的白茶，相较芽采白茶，以内含物质更多的一芽二三叶来制成茶饼更富内质转化的意义。

陈茶干茶

工艺

经过后期不炒不揉的传统萎凋与干燥加工工艺制作而成。优良的白茶制作工艺是品质的先决条件，因此在判别白茶饼是否适合收藏时，利用审评知识判定新白茶品质可以很大程度地降低时间与金钱成本，来寻找真正有转化价值的好茶。

10 年以上的老茶，在市场上根本不以银针牡丹定价格体系，而是看转化出来的香气滋味，所以要重产品轻文化。仅从数字的年份来立判白茶质量是宣传

2017 年牡丹王饼面

的谬误，因此新白茶妄受其冤。同时市面上不乏不良商家运用这点推出故意做旧的白茶，使白茶市场良莠不齐。因此建议广大藏友可以购买新茶存放，实现价值的最大化。

香气

白茶不同存储阶段香气有变化。白茶不炒不揉，自然天成，自然也依循着时序与自然的规律，味醇的白毫银针多见毫香与清香，秀美的白牡丹多见清香与花香，粗犷的寿眉则多见花香与果香。

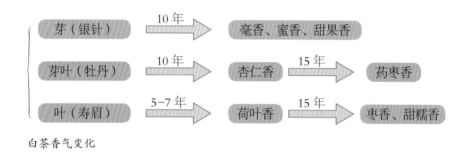

白茶香气变化

（三）存茶误区

错误一：取用后未及时密封

有些茶友比较粗心，拆封之后，忘记再次密封，直接将茶叶暴露在外。或者在取用了白茶之后，先冲泡再来密封，这样很容易让茶叶受潮。

错误二：开箱过于频繁

很多人为了掌握白茶的陈化状况，经常去查看储存中的白茶，或者每次取茶都要将整箱白茶打开。这样做的好处是，如果白茶发生变质，确实可以及早发现并进行处理。但如果开箱次数过于频繁，会将水汽或异味带入包装中，一旦被白茶吸收，很容易导致变质。

为了避免这种情况，茶友们可以估算一下自己半年或一年的用茶量，一次性取出，用牛皮纸袋或者密封罐分成若干份保存。然后将剩下的继续密封存好，让它自然陈化。

错误三：不同品种一起存放

白茶有银针、白牡丹、寿眉、贡眉四种，虽然都是白茶，但各有各的特点，香气也不同。放在一起保存，容易吸收各自的香气，出现串味的情况，同时也不利于陈化。所以，不同品种的白茶，最好分开保存。

错误四：新老白茶一起存放

新茶和老茶年份差异过大的话，香气有较大不同，一起存放也容易串味。

错误五：紫砂罐存放

紫砂透气性特别好，当白茶存放在紫砂罐里后，紫砂罐会吸收空气中的水汽，然后通过小气孔渗透到罐子内部。即使开口封得很严密，内部的白茶也在遭受水汽的侵袭，时间一长，白茶就会变质。

错误六：透明玻璃罐存放

不少茶友喜欢用透明的玻璃罐存放白茶，因其透明，可以欣赏到干茶的颜色和形态。但透明玻璃罐不具备遮光性和隔热性，将白茶存放其中，容易受光照而变质。并且玻璃罐会吸收一部分的热量，也会加速白茶的变质。

（四）工厂怎样仓储更安全

对于白茶来说，"一年茶、三年药、七年宝"，仓储对白茶后期的转化具有至关重要的作用，因此，白茶的合理存放过程也可以视为白茶加工的延续。库房的基本要求是防潮、避光、隔热、防污染，周围无异味，库房干燥，通风、通气，排水便捷，仓内温度不超过 30℃，相对湿度控制在 20％以下，专库专用。

防潮要求

科学的角度要求，茶叶的含水率应该在6%以下，才能保证茶不变质，超过6%就容易返青。在阴雨天气时，仓库应严格要求，禁止进出取货，保持仓内干燥。

避光要求

光线的直接照射下，茶叶内的叶绿素等化学成分分解氧化而变色，出现"日晒味"，降低茶叶品质。所以在整个仓储期都要避光处理。

储存白茶的包装可以选用锡箔纸，密封保存，这样既可以防潮又可以避光。

隔热要求

高温会使茶叶的内含物质氧化加快，促使茶叶"陈化"加快。所以在夏季高温期间，要尽量保持仓库里的气温不超过30℃，还要采用既能隔热又能密封的容器贮存茶叶，从而避免高温环境对茶叶质量的影响。

白茶仓考察

储茶铁桶

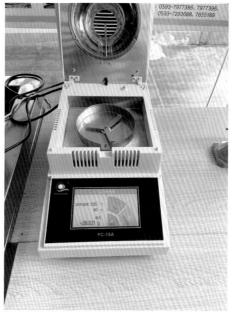
含水率测试

防污染要求

茶叶由于含有棕榈酸并且具有较多毛细孔，所以具有很强的吸附性。在仓储中应专仓专用，不能与其他商品，特别是有味的商品存放在一起。另外，注意不能用有气味的包装材料包装茶叶，在茶叶的运输过程中也要注意防止污染。

包装物要求

在古代，白茶一般以布袋、陶瓷罐、木箱储存，现代为了运输方便和销售的需要，多用塑料复合薄膜作为内包装，以木箱、纸箱作为外包装。复合薄膜质轻、不易破损、热封性好、价格适宜，同时具有优良的阻气性、防潮性、保香性、防异味等许多优点，在包装上被广泛应用。

用于茶叶包装的复合膜有很多种，如防潮玻璃纸、聚乙烯纸、铝箔、双轴拉伸聚丙烯、聚偏二氢乙烯等。由于多数塑料薄膜均具有80%—90%的光线透射率，为减少透射，可在包装材料中加入阻碍紫外线透射材料或者通过印刷、着色来降低光线透射率。另外，可采用以铝箔或真空镀铝膜为基础材料的复合材料进行遮光包装。复合薄膜袋包装形式多种多样，有三面封口形、自立袋形、折叠形等。由于复合薄膜袋具有良好的印刷性，用其做销售包装设计，对吸引顾客、促进茶叶销售更具有独特的效果。

结合以上白茶从业者的经验，长期储存白茶，归纳起来有以下几点：

第一，茶叶的含水率，国家标准为 8.5%，但要长期储存白茶，含水率一定控制在 6% 以下。

第二，储存环境应当是干燥、常温、无异味、湿度在 60% 以下的地方，在水泥房储存时底板要用木架支撑。

第三，包装物，一种用纸箱包装的，内包装最好 2 层，用塑料膜和锡箔纸包装茶叶，外用纸箱；木箱包装的同样处理。另一种用马口铁包装（最好能装 1 千克以上的），直接用纸张衬底，装满茶叶。

第四，注意地区差异，纬度高的地区气候干燥，适于长期储存，但在茶叶内含物转化之前，最好在福鼎原产地保存 3 年以上。

第五，储存过程中，没有特殊情况不要轻易打开包装物，以免空气进入茶叶中，加速其氧化。

福鼎白茶在自然条件下，经萎凋、低温干燥加工而成，也属于后发酵茶类。其中的多酚氧化酶和其他各种酶类还会持续不断起作用，把白茶中的茶多酚、咖啡碱、茶氨酸、脂类、碳水化合物等物质转化为芳香类物质、茶黄素、茶褐素等，使白茶的滋味与汤色不断出现变化，也使白茶更耐泡。

（五）白茶家庭存储方法

引起茶叶质变的主要因素有水分、温度、空气湿度、光线等，所以家庭白茶储藏要着重考虑这些因素，必须是常温、干燥、密封避光、无异味、无污染的环境。

干度手感

干燥

存储前白茶适度的含水量有利于其长期储存。和其他的茶类一样，储存白茶含水量要越低越好，国家标准的茶叶含水率要求低于 8.5%，但想长期储存白茶，茶叶含水率控制在 6% 左右比较合适。

常温

白茶只需常温保管即可，空气相对湿度 65% 左右，保持干燥通风状态，无需冷藏。一般来说储藏白茶的最佳温度是 4—25℃。不过南北方储藏白茶因气候不同，所以差别也会较大。在南方地区，白茶茶叶的内含物转化较快，北方则会慢一些。高温高湿的环境容易导致白茶霉变，南方雨季较多，因此需要注意防潮除湿。

密封

白茶在储藏过程中需要密封包装，隔绝水气和异味的侵袭，避免变质。白茶的自然陈化来自于茶叶内物质自然转化，因此必须把茶叶储存在密封的容器内，避免使用紫砂罐、陶罐等。在南方梅雨季节，空气湿度大，储藏的白茶如果没有密封好，容易发霉。储藏的白茶也不宜频繁打开包装，这样容易让空气进入，可能会影响茶叶的自然陈化。

避光

白茶应避光储藏。光线会让白茶表面氧化，影响口感。遮光可防止白茶中的营养物质被分解，保证其品质。有条件的话可用锡箔纸将白茶密封保存，可以防潮防光。

无异味、无污染

为保证白茶的香气不受影响，应在无异味的环境中储藏。此外，储藏白茶的地方也要干燥、通风。茶叶中含有高分子棕榈酸和萜烯类化合物，极易吸收各种气味，所以要避免接触各种杂味、异味。

总之，白茶只有在常温、干燥、密封、避光及无异味无污染的地方才能长期储存。采用"铝箔袋＋塑料袋＋纸箱"的组合包装，然后把箱子四周用透明胶带密封好。其中铝箔袋可遮光、防水，起到密封作用，塑料袋可起到防水的作用，纸箱本身可遮光，同时还具备一定的密封性。

（张礼雄）

第七章

白茶
故事

　　方以智是明清之际著名的科学家和博物学家，所著《物理小识》是明清时代一部有名的科技著作。方以智在明亡后出家为僧，经常在武夷山留驻。这位博学的科学家不可能不注意到武夷茶区的制茶法。他的《物理小识》对茶叶的制作技术的描写耐人寻味：

　　"制有三法，摘叶贵晴，候其发香，热锅捣青，使人旁扇。倾出，烦揉再焙，至三而燥；一法沸汤微煤，晾干，绵纸籍而焙之；一法蒸叶晾干，再以火焙，……以叶之老嫩定蒸之迟速，皮梗碎，色带赤其候也。"

　　我们且将第一种制法放之一边，后两种制法明显是武夷茶区的制茶法：第二种应是武夷山区白茶制作方法，至今白茶还是福建茶区有特色的产品。

第一节　南路茶人

（一）建阳茶厂厂长吴麟

　　福鼎大白茶在福鼎是大叶种，引种到建阳就变异成小叶种。1964年开始试制新工艺白茶，1968年后量产。1968年因出口创汇需要，将政和大白拼配建阳小白，统称为"中国白茶"，在建瓯生产加工，保留高级白牡丹这个品类。1974年组建建阳茶厂，1979年投产后恢复贡眉生产，并将大白与小白分开。

　　新国标出台前，白茶标准按实物样划分：白毫茶、小白茶、寿眉；按茶树品种分：菜茶、水仙、政和大白、福安大白、福鼎大白。

1978年，福建省茶业协会第一任秘书长、白茶专家吴永凯在建阳茶厂指导恢复小白茶传统贡眉生产

当时搞出口，都是春夏秋三季茶拼配，官方收购站从茶农那里收毛茶到茶厂精制，端午时新茶上市。1949年之前私人茶行是厂商一体，自己收青叶、加工、销售；新中国成立后到20世纪90年代，都是由政府统购统销。

（二）建阳茶叶站原站长林今团

建阳茶叶站原站长林今团对建阳白茶进行了考证，认为建阳水吉是现代白茶的发源地，可见建阳白茶在白茶发展史上具有极其重要的意义。

关于建阳白茶的记载，最早可见于《中外茶事》，建阳白茶最早由建阳漳墩镇南坑茶农肖氏创制于清朝乾隆三十七年至四十七年（1772—1782），始名"南坑白"，以菜茶品种采制，故又名白仔、小白或白毫。

嘉庆二十二年至道光末年（1817—1850）紫溪里（今漳墩）一带"茶笋连山，茶居十之八九，茶山衮延百十里，寮厂林立"。据肖氏后裔肖乌奴生前回忆：先祖肖苏伯、肖占高早在嘉庆年间，为扩大南坑白茶的种植面积，曾大量招募江西的茶农来此开山种茶，加工白茶，还先后办起白茶加工厂，一时盛况空前。

剥针

建阳贡眉鲜叶／漳墩镇政府供

道光元年（1821）后发现水仙茶树品种及引进大白茶树种。清朝后期，蒋蘅写道："水吉茶市之盛，几埒（建）阳、崇（安）""自踏庄赴广，茶市之盛，不减崇安"。因南坑属水吉县管辖，因而，该茶销往国外，水吉便成了白茶外销的集散地。

至同治年间（1862—1874），白茶生产更有很大发展。最早以水吉小叶茶芽制银针，称为"白毫"，至1870年左右，水吉以大叶茶芽制高级白茶"白毫银针"，并首创"白牡丹"。建阳白茶以其独特的外形和内质，在国内外久享盛名。清朝光绪年间（1875—1908），水吉有茶商字号60多家，其中港商21家。20世纪20年代，白茶"由广客采买，安南、金山等埠其销路也"。

民国二年（1913），小湖镇大湖村出现"水仙白"。当地茶农为缓和乌龙类水仙的采制高峰期，将水仙芽叶中的芽进行"挑针"制白毫银针，余下嫩梢制"水仙白"（又称"水仙香"），即水仙品种制作的白牡丹。"水仙白"的出现再次丰富了建阳白茶的品类。

（三）政和白茶非遗传承人余步贵

传统政和白茶，两叶一芽的白牡丹要叶抱芽，如果叶子摊开说明萎凋不到位，不利于包装，易断碎。好的白牡丹芽叶连枝，浸泡时在水中缓慢悬浮舒展。

白茶传统工艺关键在开筛，老师傅一分钟可以开6筛，像摊薄饼一样。现在的师傅多用抖青叶（也叫天女散花），抖的不均匀又费时，青叶跟手接触多了就会影响白茶品质。收衣（收筛）要做到快速，不让茶芽叶粘在筛子上。并筛（两筛并一筛）是为了叶抱芽，延缓失水，让萎凋更均匀。政和白茶大部分萎凋采用

政和开茶节

室内自然阴干 48 小时。

传统萎凋分三种：（1）自然萎凋：晴好天时室内阴干。（2）复式萎凋：早晚微弱阳光时在室外用日晒萎凋（微弱指用手摸筛边有点烫，筛边温度差不多在 30℃），室外温度过高时就要移位进室内进行自然萎凋。（3）加温萎凋：阴雨天或茶青量太多时采用热风萎凋槽，用炭火把温度升高、湿度下降。

对传统工艺的理解主要体现在两点：不破坏多酚氧化酶的转化，又不促进它的氧化反应。余步贵认为，符合这两点要求的都可以称作传统工艺。

如何做好茶？

做好茶要了解茶青特性，鲜叶采摘标准要求均匀、不混杂其他杂草等。对环境温度要求也高，气温太高失水过快，不利于保留活性物质。做茶受天气影响较重：制茶天气晴则香气高扬，北风天则有利于香气形成，南风天就闷热，下雨天则香气沉闷。

此外，自然萎凋的缓慢失水使得成茶更紧细，泡后叶底更活，还会带花香。

开筛萎凋

余步贵

萎凋槽里吹干的白茶失水过快，内含物没有充分转化，成条更粗壮，青味足、带涩感。

含水率太高的茶短期转化快，但长期存放则香气沉闷，因此白茶要求干燥度高。

政和、福鼎白茶简单对比如下：福鼎白茶采单芽（芽形短肥），政和多采用剥针采摘，芽形瘦长；福鼎白茶复式萎凋多，政和则多为室内阴干2天半至九成干再炭焙，口感更有层次感，鲜爽度与毫香不及同等级福鼎大白，但滋味更醇厚及持久。

（四）政和稻香茶厂孙庆春

评姐：水线银针，这个东西怎么理解呢？

孙老师：这个是用线将芽头穿起来，有点像现在穿花环一样。宋徽宗时期是水蒸绿茶，那时候是绿茶工艺。

罗金坂茶山 / 刘永锋摄

碳焙 / 杨丰供

评姐：那政和怎么由绿茶转做白茶的呢？

孙老师：建阳应该是最早有白茶（白毫银针）的，然后由建阳传到松溪、政和等地。建阳白茶最早由建阳漳墩镇南坑茶农肖氏创制，始名"南坑白"，以菜茶品种采制。当时是由官焙，一直到甲午战争都是！

评姐：怎么理解政和大白和福安大白？因为政和这两个品种比较多。

孙老师：当时我们调了两棵福安大白做研究，发现福安大白的品质是比较接近政和大白的。

评姐：工艺里面有"剥针"一说，那剩下的叶片怎么还能叫白牡丹呢？

孙老师：剥针有两种，一种是茶青剥针，另一种是成品茶剥针，这个成茶剩下的便是白牡丹。其实剥完针之后，还是有大部分没有被剥走，再一个就是它一芽二叶的原料上，背面也有白毫覆盖，所以它的内含物还是非常丰富的！

评姐：政和白茶的工艺是以什么为主呢？政和经常下雨，加上高海拔，茶很容易发霉。

孙老师：晾晒结合，复式萎凋！你说的发霉，主要是通风条件，这个是非常重要的，20 世纪 80 年代用抽湿机，窗户是百叶窗，就是为了保证它的通风条件！

评姐：福鼎和政和的茶叶品质有什么差异呢？

孙老师：白茶传统工艺关键在开筛，收筛要快速。并筛是为了让萎凋更均匀。福鼎以前用的是地瓜匾，没办法并筛，他们只能抖筛，容易造成机械损伤，影响

1979 年茶样罐 / 杨丰供

50 年银针 / 杨丰供

品质，而政和建阳这边，用的是水筛，方便并筛。开筛时叶片不可重叠、不得损伤、不能手碰造成红变。没有并筛的茶翘尾，有并筛的茶叶平伏，茶叶 6—6.5 成干两筛并一筛，8—8.5 成干三筛并两筛。

评姐：炭焙茶怎么理解呢？我喝到很多所谓的炭焙茶茶汤都非常硬，到了第二年、第三年茶汤就薄了。

孙老师：炭焙就手工焙嘛，对炭火非常讲究，炭焙的炭火是硬火，是直接作用于茶的温度。打一次火，可以用七天七夜。用炭八字经：烧红、炼透、打碎、压实。

茶叶都会有两次烘干，有一些制茶人第一次用机器焙，第二次用炭焙，骗你说是炭焙，这是不行的，两次焙火应该用同一种焙火方式。还有就是它焙火温度太高，用以掩饰它茶青不好。炭焙的茶茶汤是不会硬的！

评姐：老师您是怎么看待老白茶的呢？

孙老师：我们那个时候没有老白茶一说，都是直接变现的，由国家统一收。当时都是春夏秋三季茶拼配，收购站从茶农那收毛茶到茶厂精制。

评姐：那老白茶的药理功效是怎么来的呢？

孙老师：曾经有一个传说，在东风村，当时一个农民拆房改建，在挖地基的时候挖到一个罐子，以为是老祖宗留下的钱，结果打开一看是银针。当时这个房子100多年了，那这个银针是老白茶了吧，房主发现用银针治疗小孩发烧、拉肚子非常有用，后面它的药效就传开了。

评姐：对于省外的白茶您怎么看？像贵州这些地方都有引种大白、大毫。

孙老师：省外白茶他们工艺掌握不好，若是有这个工艺，应该还是不错的。白茶要做到不破坏多酚氧化酶的转化、又不促进它的氧化反应，这个若是掌握得好，应该也不失为一泡好茶！

第二节　北路茶人

（一）国营湖林茶厂厂长张时定

走访白琳老街，恰逢是初一，可以看到各家门前都在烧香祭拜。打卡丁合利白茶馆，这是民国时期的建筑，大大的青石板，述说一段历史轨迹。白琳老街，寻找最初的白茶与白琳工夫，这里，曾发生过不平凡的事。

张时定，1959年毕业于福安农校茶叶专业，1962年创办茶叶研究所。1980年以来，历任福鼎白琳国营茶叶初制车间主任、技术副厂长、国营湖林茶厂厂长。1989年被地区审评委员会确认为"制茶工程师"。

评姐：张老师以前在国营茶厂主要负责哪方面的工作？

张老师：当时与茶叶专家江孝喆、郑秀娥，福鼎的杨祖镇、马坚忍等多名茶叶科技工作者，在翁江茶场创办福鼎县茶叶研究所，开辟茶树品种园进行茶树品

福安茶科所张天福故居

种品质比对，包括全国各地的茶树品种，像梅占、云南大叶种等 15 个品种选育，最后发现大白、大毫最适宜福鼎生态环境。用一寸一芽一叶的短叶进行扦插培育，开垦茶山种植茶苗改良原有茶园，起示范推广作用。

当时茶园除草是一个很大的麻烦。茶苗培育出来之后种植，产量低的茶树进行台刈拼行，新垦茶园茶树 0.5 米 ×0.5 米两行条栽，形成密植免耕的状态，成年茶树分枝较多较密，形成树荫，地下的杂草就不容易生长。苗木在白琳培育，然后往全国范围推广，可以说白琳是福鼎大白的推广基地。

评姐：那机器做茶是什么时候开始的呢？

张老师：20 世纪 70 年代，福鼎的茶叶加工生产快速发展，茶叶手工制作已适应不了生产的要求，福安社口茶科所研究以机械来代替手工生产，我当时被推荐过去学习。从单锅手工杀青改为单锅机械杀青，再发展为双锅、三锅、滚筒式机械杀青生产；将原有的炉管灶改造为无烟灶和锅炉。学成归来后，由福鼎茶业局招集各乡镇农机人员和泥匠在翁江茶场和翠郊茶厂进行技术推广。

评姐：能跟我们简述一下当时白茶的加工工艺吗？

张老师：当时更多的是靠天吃饭，自然萎凋。但若是遇到下雨，还是会在室内进行加温萎凋，不然茶叶会坏掉。房间一侧烧炭火，用铁板鼓热风吹到室内，另一侧将湿气抽走。萎凋要历经 40 个小时，鲜叶含水率达到 15% 左右。

评姐：如何看待现在有些白茶萎凋十几个小时？

张老师：其实我们白茶主要是靠萎凋失水，细胞里面主要有游离水、生物水和结合水，当失水过快时，细胞的生物水来不及补充，所制成品茶叶质量不好！

评姐：白茶压饼是什么时候开始的呢？

张老师：1971 年的时候，有私人开始压饼。当时比较落后，用的是千斤顶压饼，压出来的饼比较紧实，但是并未大规模压饼。

评姐：那时候会有意识地存白茶吗？

张老师：不会。那个时候都是计划经济年代，计划多少，做多少茶叶，不会留。等到 1980 年后有了私人茶厂，茶卖不掉，发现陈茶更香、更好喝，才开始存茶。

评姐：白琳工夫有断代过吗？

张老师：白琳工夫没有断代过，一直都有做的。白琳初制白毫银针最早在白琳厂，白毫银针和红茶一起出口给苏联，而且伊丽莎白女王指定茶品为白琳工夫。50 年代末、60 年代初与苏联断交后，红茶改绿茶。但会有私人定制，所以每年会内销几百斤。只是量少，但未断代过。

那时候还有一个红茶品牌，叫"莲芯米"。采用菜茶一芽一两叶，精制之后条索细小，菜茶香浓、鲜甜还有毫香。

（二）福鼎茶叶公司经理丁永

丁永，1963 年毕业于福安农校，就职于福安社口茶场；1965 年调到政和稻香茶厂营前农场搞栽培，而后到茶叶局指导全县茶叶生产；1985 年调到福鼎茶厂精制车间，几个月后升任副厂长；1987 年恢复福鼎茶叶公司后任经理，1990 年调到福鼎外经委任主任。1977 年曾在《中国茶叶》发表文章《政和大白茶的生产与加工》。

磻溪廊桥

中国白茶中心

　　他回忆说，1977 年建阳年产菜茶贡眉 1 万担，而差不多同期，政和用政和大白茶品种制作白毫银针，芽壮毫显。1978 年有港商来找政和白牡丹，每年 500 担的订单，之后政和才逐步恢复已近失传的白牡丹生产，当时主要在铁山、东平、石屯等地生产。丁永 1977 年在政和，把茶叶技术人员调到茶叶局，让基层茶叶技术人员有工资，他们成立了茶叶协会，写了很多文章。

　　1785 年福鼎用传统菜茶制作白毫银针，福安大白茶是本地菜茶选育的品种，毫不显。20 世纪 60 年代福鼎王奕森老师为了完成出口订单，创制了轻揉捻的新工艺白茶，专供香港每年 5000 担。福鼎白茶真正大发展是 2000 年后，组建白茶工作小组，由陈兴华领导工作，对打开内销市场有很大帮助。

　　以前北京喝的花茶，福州茶叶总厂只要福鼎的绿茶做茶坯。福鼎种花积温不够，平均气温比福州低 3℃，所以晚半个月生产花茶，当时每年送 2 万担绿茶茶坯到福州窨花。

　　以往茶叶是二类物资一类管理，农民做的毛茶交茶叶站，茶叶站再送茶厂精制，茶叶站要收 9% 的收购手续费。1985 年 75 号文件对茶叶生产彻底放宽，谁都可以做茶直接上市销售。茶叶公司没茶收购，没事可做，就又把负责销售的茶叶公司合并到茶厂，由茶叶局指导生产。当时福鼎茶叶局有 340 人，国营茶厂 1000 多人要等拿工资吃饭。当时的茶厂缺车间主任，丁永主动任职，实施承包责任制，还在《福建茶叶》上发表简报《福鼎茶厂车间生产责任制》一文。

　　1987 年茶厂只做初制，丁永借款盖了精制厂，做小包装产品，自己做销售经理。

1989 年政府批复成立茶叶局管理茶叶公司，丁永带 9 个人去销区跑市场。1990 年茶厂破产，1200 人失业，福鼎涌现大批茶叶专业户。

（三）科班茶人张礼雄

张礼雄，1984 年毕业于宁德地区农校茶叶专业，全国茶叶标准化技术委员会白茶工作组成员。著有论文《福鼎白茶生产工艺及储存关键控制点调整实践与思考》，从理论上专业地阐述了福鼎白茶传统工艺的关键技艺特点。

历史：老一辈有用白毫银针装在搪瓷罐里埋地下，用于妇女生产坐月子时，炖冰糖下恶露。早期出口主要是铝膜袋、锡箔纸装木箱仓储的。

在崇山峻岭之中的太姥山原住民和僧侣们，由于缺乏与外界的交流，仍执著

鲜叶养护 / 张礼雄供

地沿用晒干或阴干方式制茶自用，无意间将古白茶制茶工艺保存了下来，并默默延续了千百年。山民这种自制的土茶，俗称"畲泡茶""白茶婆"，至今仍有。山民们将这种茶泡在大茶缸里，味道相当清爽，而且久置不馊，类似寿眉。

品种：福鼎大白茶品种氨基酸含量最高，它容易出鲜爽度、甜花香。而云南菜茶外形极像福鼎大毫。同样是福鼎大白，引种到省外，用同样的工艺会不会影响口感与品质？我们说土特产，就是有一定地域性，省外引种过去就会有变异。福鼎各山头青叶，用同样工艺，品质区别不大。

品种＋工艺决定后转化的效果。陈茶风味来源于地域＋仓储环境洁净度。

第三节　不同角度解读白茶

（一）王奕森：新工艺白茶创制人

历史

民国时期银针拼红茶出口，剥针下来的叶片做的产品统称"白叶子"，做成龙团球也叫"白毛猴"。地主家有做少量银针，直到 1946 年才叫"白茶"。1945 年以前市场说的白茶就是指"安吉白茶"。1949 年广东省有人带着资本家来福鼎做白茶，当时地主自己加工几箱银针挑到广州去卖，第二年因雨天做不了，只好收购农民的银针和白叶子。1949 年之前药店里卖的都叫"白叶子"。

1964 年试制新工艺白茶，1968 年开始量产。新工艺白茶有花果香，当时出口量大。政和大白拼配建阳小白在建瓯生产，统称"中国白茶"。

1979 年恢复贡眉生产，大白与小白分开，并单独生产白牡丹。

白琳茶厂旧址

20世纪50年代白琳茶厂生产车间员工合影

政和工艺都采用复式萎凋，80年代用抽湿加增温机（热风萎凋），当时没空调，茶叶初制厂都用百叶窗通风防霉变。叶片有红变是因为并筛时间掌握不好，或日光萎凋太强烈。

工艺

采青—开筛（室内进行，一次成型不可重叠，晾青也叫养青）—萎凋—并筛堆积补充萎凋不足—烘干。注意中午不能晒，否则茶叶会红变也会被风吹走。

中国茶叶学会会员证

1965年，王老师被白琳茶厂委派到建阳漳墩茶厂学习白茶加工工艺。当时建阳小白茶早有出口，王老师住在闷热的旅馆，克服困难条件，学习了解湿闷环境下制白茶的关键。而后便创制了新工艺白茶。

热风萎凋：即在原有的萎凋室里隔小间，加温打炭。1978年后采用新工艺，改用萎凋槽做白茶，有翻动，叶片有摩擦加速萎凋，只要6小时就完成。银针和白牡丹不能用萎凋槽，会卷曲。此前，福鼎只有白琳茶厂做白茶，农民用剥针下来的叶片制作红茶，萎凋槽主要用在红茶工艺。民间只有低档茶（五级六级寿眉

首届白茶茶王赛专家合影

自己喝的），市场上是不卖的，用袋子包一下压紧像小陀茶，也有用石磨压饼的，直到 2004 年才有机械压饼。

仓储

1962 年前，二级以上的叫白茶、白牡丹，二级以下叫贡眉、寿眉。每年生产的茶都卖掉，国营厂严格要求保持期 18 个月，用陈茶拼新茶，按比例调配口感汤色。民间自己存一点茶的，也是随意放着作为药用，需要时抓一大把隔水炖，也不放糖的。

品种适制性

原来品种多为福鼎大白茶和菜茶（也叫小茶、鸡母茶），20 世纪 70 年代后才发现福鼎大毫茶。当时银针都是农民自己做的，茶厂向农民收购。茶厂主要用大白和菜茶制作白牡丹。

药用

王奕森老师 1952 年进茶厂，当时 60 多岁的陈鼎善把白茶带去南洋作为药用。当地人生病不吃西药，宁愿炖白茶做药喝。老百姓把白茶挂自家烟囱干燥。王老师回忆，1952 年冬天自己眼睛发红，就是炖老白茶喝着治好的。1953 年以后，茶厂就有晒点白茶给工人解暑用。

茶叶的水分

王老师专程给我们讲了一堂茶叶含水率的课。茶树鲜叶采摘下来时含水率达 75%，而通过萎凋、杀青等制作工艺使不同茶类含水率不同。红茶萎凋后 40%—60%，商品 7%；做花茶用的绿茶坯 58%—60%，商品 4.5%；碧螺春、龙井、毛尖等手揉类的绿茶 50%—60%，商品 8.2%；白茶 18%—32%，现在通过堆积工艺为 18%—24%，商品 5.5%，到柜台销售国标 8.5%。那么白茶有几个转折点是怎样控制水分的呢？鲜叶从 75% 的水分到干燥成品 5.5%，其中有 40% 是走水走掉的无用废水，是植物生长过程的水分，不是机体水分。当茶青水分干枯后就会造成死青，所以白茶制作就是掌握生命周期与鲜叶活性的过程。

在白茶制作的近代史上，人们研究萎凋多长时间对品质会产生影响，通常是鲜叶养护 8—12 小时。萎凋是人工干预，鲜叶离开母体后即进入萎凋。

"萎凋"指凋零枯干，过去用于炮制草药的工艺叫萎凋。

鲜叶采摘下来—上筛先吹冷风—慢慢升温—持续走水，依靠酶的活性分解出蛋白质。南风天时外界湿度太大，一定要通风，当叶温降低时采用热风逐步升温。这就是王老师创制的热风萎凋。

潮湿气候，空气中水分高达 80%，萎凋速度缓慢，长达 64 小时。如果萎凋超过 72 小时，茶青就会变黑或红变，口感有焖味，但茶青里的水分还未达到干燥状态。

当温度 18—25℃，湿度 30%—40% 时，从早到晚 24 小时茶青就达到八成干，但茶还是绿的，带青臭味和酵感。这时因为氧化慢，氧化跟不上萎凋了。要注意，萎凋必然有氧化，但氧化过程不一定会促进萎凋，要看温湿度条件。

（二）方守龙：从茶机角度解读白茶

两个工科生在一起会有怎么样的碰撞？这不，周博士和方老师就开始聊起了机械。真真是为难旁听者。

方守龙，白茶山人，太姥山的制茶人，守一方净土；坚信：不能用机器替代的劳动力是落后的生产力。自己改良做茶机，做一杯纯真好茶！

评姐：方老师很喜欢改造和设计机器？

方老师：是的！我现在用的提香机之类的，是我之前看到面包的烤箱，突然有灵感之后改装设计，然后找朋友帮忙做出来。

评姐：方老师如何看待手工和机器做茶？

方老师：两种不同的做茶方式罢了。我自己是机器做茶，传统做茶看天吃饭，若是天气不好，茶叶放在一边就坏了。以前自然萎凋，100个匾一轮搬一次一天就结束了，比较消耗人力物力。机器离地清洁化生产，设定好参数就可以了。

评姐：方老师是如何看待白露茶的？

萎凋室

方守龙

方老师：我们一年四季都在做白茶。按生态茶园管理，若是夏季茶叶不采摘，会影响秋季的产量，冬天也会采摘做茶。其实每个季节的茶叶都有自己的口感特征，春茶鲜爽、夏茶醇厚、秋茶香高、冬茶水甜。我们也会明确地表明这是什么季节的茶，而且有时候秋茶比春茶更贵，因为秋茶产量低！

评姐：能介绍一下五彩牡丹吗？

方老师：其实就是寒露前后做的白茶，采摘一芽二叶的原料。但它又不能叫白牡丹，不符合规定，因为成茶颜色比较多，所以干脆叫五彩牡丹。

评姐：萎凋槽做白茶的争议很大，方老师是怎么看待这件事的？

方老师：其实现在白茶萎凋的最佳时间为 36—72 小时。你的制作时间，以及茶叶的吞吐量能否满足要求？茶青等不了那么长时间。我以前做过试验，来不及摊晾的鲜叶不说多了，8 个小时都不行。但若是放在萎凋槽上静放，是没有问题的。以前没有机器的时候，我自己的量有 100 多匾茶叶，遇到下雨，根本来不及搬进室内。用机器是可以帮我们达到产业化生产的。

五彩牡丹

丁合利茶馆

[步升春茶馆简介]

"步升春"茶馆, 1923年 (民国十二年), 白琳茶商林步升(字和春)创办。林氏经营有方, "步升春"生意壹度红火, 尝将白琳工夫、白冠银针等名茶远销欧美, 颇受青睐。其间受市场牵制, 尤第壹次世界大战冲击致茶叶贸易受挫。而林氏以变应变, 立足本地优势及"步升春"茶馆影响力, 努力打造集饮茶接洽、休闲娱乐多功能之茶行商号, 对白琳茶产业影响颇大, 并吸引厦、泉、闽、港菜多茶商前来设坊建馆, 倡白琳衔鼎盛时即有茶商三十六家以茶兴市之景象, 可谓商贾云集, 声名远播。

"步升春"兴盛之际, 不忘反哺故土, 为白琳街市、民众休闲娱所建设诸方面, 多有善举。迨新中国成立, 该铺捐予政府, 先后辟为白琳税务所及老年人活动中心。是年暮春, 原"步升春"茶馆修复, 季夏重张。以期作为白琳老街复兴之标志性项目。

贰零壹捌年桑月

步升春茶馆

（三）陈敏：从生化方面解读白茶

陈敏, 1982年为质检员, 国营茶厂审评, 首任福鼎市茶叶协会秘书长, 创办了《茶叶之声》。

评姐：陈老师能讲解一下白茶制作工艺吗?

陈老师：我们以前做白茶的时候, 会有一个养青的阶段, 茶叶开筛前要通风、低温、高湿保持酶活性, 去除田间热, 这是因为采摘下来的茶叶呼吸作用加快, 表面热量增加。

开青后不能吹冷风, 而是打热风提高萎凋呼吸作用, 要给茶叶微发酵微氧化的时间。

评姐：能从审评角度说一下好喝的白茶有什么特征吗?

陈老师：从色香味形方面来说。

色, 干茶色泽灰橄榄绿, 汤色清澈明亮, 色泽要纯。银针杏黄, 牡丹亮黄, 寿眉橙黄, 老白茶琥珀色。叶底, 叶芽茎色泽统一, 如果芽红是发酵太重, 梗绿的才叫走水好。

香, 品种香、地域香、工艺香, 醇、醛、酮都在热的条件下转化出香气变化。大白茶兰花香毫香显, 鲜甜; 大毫茶耐泡, 味浓糯, 韵味足。

味, 鲜、甜、爽。

形，芽叶连枝，背卷曲。

评姐：怎么区分大白和大毫呢？

陈老师：大白中叶，长椭圆形，黄绿，毫银白，外形细长。大毫大叶，短圆形，灰绿白。

评姐：白茶中会经常出现红梗红叶的现象，是为什么呢？

陈老师：白茶虽说是轻发酵茶，但是在轻发酵中，又可以分轻、中、重发酵。分几种情况。第一，茶叶过发酵，产生像红茶一样的发酵；第二，若是银针早春寒受冻害，那么是芽和叶节间红；第三，寿眉直接晒干也有很好的枣香花香，发酵的酵感轻，但也会产生红叶，属于重度轻发酵。

白琳茶镇

评姐：荒野茶今年很火，我们要怎么理解它呢？

陈老师：荒野茶总体相对嫩，叶脉紧密，色泽灰沉不鲜亮，叶芽节间均匀，针是弯的，叶柄主脉粗壮，马蹄结，叶脉紧密波纹隆起，叶不大偏小，叶色枯灰，色燥，黄，微红。

陈敏

评姐：春夏秋茶怎么区分呢？

陈老师：春茶梗是圆的，色泽统一、有光泽，芽叶均匀。

秋茶灰绿燥，梗圆、扁、四方、三角、不规则都有。

夏茶偏黑绿，芽第一叶和第二叶节长，梗扁，纤维质粗老。

（四）曾兴：从审评角度看白茶

到原产地听老一辈做茶人讲茶，听以前的历史、做白茶的经历，远远比书上来得动人。

曾兴，国家级高级评茶师、福建省制茶高级工程师、福鼎白茶传统制作技艺非遗传承人。1980 年到国营福鼎茶厂工作，主要从事福鼎白茶、白琳工夫红茶的制作和品质审评鉴定工作，已有 40 年了。

评姐：曾老师做茶 40 余年觉得最开心的是什么事？

曾老师：最开心的是 2007 年，我与方守龙老师一起，用 1000 多斤的白毫银针，制作出创吉尼斯纪录、世界最大的奥运主题白茶砖。该茶砖代表福鼎白茶，赠送给北京奥组委。另外，我们又制作一块微缩版白茶砖，由时任福鼎市委倪政云书记，代表福鼎市赠送给中国人民解放军三军仪仗队。这为福鼎白茶和福鼎茶人，争得了莫大的荣誉。后期限量版的奥运白茶砖，重量定在每个 350 克。

评姐：曾老师对于审评有什么心得或是自己的看法吗？

曾老师：首先，评茶环境要安静，心才能安静。评茶人员也不能太多，每批

奥运白茶砖

参赛茶样

次茶叶评审的号数也不宜多，一批次 6—8 号茶叶就可以了。评审时要按顺序，不要七手八脚，无序无章。闻香气时打开杯盖闻，因为鼻宽，能全方位感受茶叶香气；闻香热嗅时要小心烫鼻，温嗅冷嗅效果最好，故要掌握好时间间隙。啜茶时不要发出声响，否则既分散自己的注意力，又影响到他人。评审时需要静静思考，审评人员互不干扰为好。

其次，叶底盘为黑色，可以减少反光。

评姐：怎么区分老白茶和新茶呢？

曾老师：新白茶是当年生产出来的，干闻时感到有一股高扬、新鲜的锐气，各种茶香、毫香直冲心肺，当年气息浓重。老白茶由于时间长久，茶叶里各种成分已经氧化、钝化，其滋味、香气各方面也趋于平和醇厚，没了新茶的锐气，随着年份的增加，陈味也越来越重。

白茶赛专家审评

评姐：怎么看待老白茶？

曾老师：老白茶，顾名思义，其年份要老，等级也要老些。但任何事物都会物极必反，老白茶的时间我觉得在10年左右为好。

干度好的老白茶，它氧化比较慢些，但陈香纯高，沁人心扉。老白茶的汤不宜红，应该是黄色的，如显杏黄、浅黄、深黄、浓黄等。

评姐：市面上有很多拼配茶，我们应该怎样去理解这个东西呢？

曾老师：茶叶必须拼配，这样才能取长补短。茶叶拼配，讲究外形要相配，内质要相当，同年不同季节的茶可以拼配在一起，等级之间相跨不能太大，尽量不要跨年拼，更别说跨了好几年的白茶拼在一起。拼配前要对拼配的各号茶叶进行品质审评，做到心中有数，优胜劣汰并找到最佳比例。

评姐：怎么看待古法制茶？

曾老师：古法制茶，日晒者为上。古人朴素地认为，白茶只经过太阳晒干，其火气最轻，茶叶的凉性最大。故白茶在六大茶类中茶性最凉。但日晒也有其弊端：耗时耗工，日晒过程茶叶受热不匀，易红张红梗，且室外空间暴露，卫生得不到保障。

附录小诗

（一）畲族白茶工艺诗

采 茶

有茶于野，经雨临风
鸟鸣深涧，新叶芃芃
有茶于野，春芽初发
采之以归，名曰白茶

采茶

晒茶

晒 茶

有茶于匾，亦清亦新
一片树叶，萎之凋之
有茶于匾，晒之干之
处之自在，造化天成

焙 茶

有茶在焙，法贯古今
执之双手，存乎一心
有茶在焙，薪火初燃
几片青叶，无限江山

挑 茶

有茶于室，堆之摊之
反复再三，挑之选之
有茶于室，所成依人
新汤清简，厚味在陈

称 茶

有茶于秤，不差毫分
范蠡制秤，公平公正
有茶于秤，称人称己
福禄寿全，方得始终

压 茶

有茶于釜，蒸之压之
古法压制，传承至今
有茶于釜，手工成形
千斤石磨，劳苦费心

（二）白毫银针

一根针的呼吸
唤醒三月清晨的山野
一叶柔弱的单芽
由此穿越时空

锯齿上的绒毛
停满清风白云
茶园里的王，白毫如雪

2020 年白毫银针茶汤

芽／蔡晨啸供

一缕清风中
生命只是头顶上的一颗芽头
表里昭彻，如玉在璞

宋朝的瘦金体
纷纷落进玻璃壶中
舞出一副淡雅的国画
色白如银的芽
挺立沸水中
每细心一次就大胆回甘一回

杯子里的云
淡去了一生的味道
杏黄的茶汤
让我找到了陆羽沉浮的秘密

（曾章团）

（三）咏白茶

白茶发明地之一是建阳漳墩，有白毫银针、寿眉、贡眉、白牡丹等品种，以武夷水仙茶制成的水仙为众人所爱。

辛亥江南乱，万里茶路新。
晋商无影踪，包头发成霜。
茶长不可留，精制无银两。
不揉不杀青，晾干堆仓房。
一朝茶路开，白茶成宝藏。
银针毫似雪，寿眉白牡丹。
更有水仙白，重金方可尝。
华茶有六子，个个本领强。
白茶清毒热，养肝利健康。

（温建平）

（四）漳墩白茶

消失在山路上的马帮，
暂断了万里茶路上腊茶的生机。
没有了晋商的豪气，
武夷茶农把眼光转向南方，
应运而生的白茶，
洗去热带丛林的暑气，
让华工在瘴气中保持健康。
寿眉，一个诗意的茶品，

给岭南百姓带来清凉。
贡眉，带着几分傲骨，
冲刷去皇城根下的燥闷。
在茶杯中上下摇动着的白毫银针，
把春的消息传送到远方。
当左邻右舍展开白茶冠名权的比赛时，
漳墩白茶选择了低调，再低调，
建阳人的茶梦可以像白茶一样安静清爽？

（温建平）

建阳小白

（五）家有白茶品品香

家住太姥山，读书离故乡。
奶奶细叮咛，在外要健康。
妈妈备衣装，白茶放行囊。
家有白茶哟，品品香。
同学来四方，人人赞家乡。
东北松子脆，西北葡萄干。
我把茶席展，煮水冲茶汤。
家有白茶哟，品品香。
毕业同学会，惜别话儿长。
莫忘同窗谊，但愿常安康。
白茶小礼物，同学包中藏。
家有白茶哟，品品香。

（温建平）

茶艺